全—本—全—注—全—译

# 幽梦影

（附 幽梦续影）

〔清〕张潮 朱锡绶 著

谦德书院 注译

团结出版社

**图书在版编目(CIP)数据**

幽梦影 / (清) 张潮, (清) 朱锡绶著 ; 谦德书院注译.
— 北京 : 团结出版社, 2021.4
   ISBN 978-7-5126-8743-1

   Ⅰ. ①幽… Ⅱ. ①张… ②朱… ③谦… Ⅲ. ①人生哲学
—中国—清代②《幽梦影》—注释③《幽梦影》—译文
Ⅳ. ①B825

中国版本图书馆CIP数据核字(2021)第070640号

**出版:** 团结出版社
   (北京市东城区东皇城根南街84号 邮编: 100006)
**电话:** (010) 65228880  65244790 (传真)
**网址:** www.tjpress.com
**Email:** zb65244790@vip.163.com
**经销:** 全国新华书店
**印刷:** 大厂回族自治县德诚印务有限公司
**开本:** 145×210  1/32
**印张:** 10.75
**字数:** 220千字
**版次:** 2021年5月 第1版
**印次:** 2021年5月 第1次印刷
**书号:** 978-7-5126-8743-1
**定价:** 48.00元

# 《谦德国学文库》出版说明

　　人类进入二十一世纪以来，经济与科技超速发展，人们在体验经济繁荣和科技成果的同时，欲望的膨胀和内心的焦虑也日益放大。如何在物质繁荣的时代，让我们获得内心的满足和安详，从经典中获取智慧和慰藉，或许是我们不二的选择。

　　之所以要读经典，根本在于，我们应当更好地认识我们自己从何而来，去往何处。一个人如此，一个民族亦如此。一个爱读经典的人，其内心世界必定是丰富深邃的。而一个被经典浸润的民族，必定是一个思想丰赡、文化深厚的民族。因为，文化是民族之灵魂，一个民族如果不能认识其民族发展的精神源泉，必定就会失去其未来的生机。而一个民族的精神源泉，就保藏在经典之中。

　　今日，我们提倡复兴中华优秀传统文化，当自提倡重读经典始。然而，读经典之目的，绝不仅在徒增知识而已，应是古人所说的"变化气质"，进一步，是要引领我们进德修业。《易》曰："君子以多识前言往行，以蓄其德。"实乃读经典之要旨所在。

基于此理念，我们决定出版此套《谦德国学文库》，"谦德"，即本《周易》谦卦之精神。正如谦卦初六爻所言："谦谦君子，用涉大川"，我们期冀以谦虚恭敬之心，用今注今译的方式，让古圣先贤的教诲能够普及到每一个人。引导有心的读者，透过扫除古老经典的文字障碍，从而进入经典的智慧之海。

　　作为一套普及型的国学丛书，我们选择经典，不仅广泛选录以儒家文化为主的经、史、子、集，也将视野开拓到释、道的各种经典。一些大家所熟知的经典，基本全部收录。同时，有一些不太为人熟知，但有当代价值的经典，我们也选择性收录。整个丛书几乎囊括中国历史上哲学、史学、文学、宗教、科学、艺术等各领域的基本经典。

　　在注译工作方面，版本上我们主要以主流学界公认的权威版本为底本，在此基础上参考古今学者的研究成果，使整套丛书的注译既能博采众长而又独具一格。今文白话不求字字对应，只在保证文意准确的基础上进行了梳理，使译文更加通俗晓畅，更能贴合现代读者的阅读习惯。

　　古籍的注译，固然是现代读者进入经典的一条方便门径，然而这也仅仅是阅读经典的一个开端。要真正领悟经典的微言大义，我们提倡最好还是研读原本，因为再完美的白话语译，也不可能完全表达出文言经典的原有内涵，而这也正是中国经典的古典魅力所在吧。我们所做的工作，不过是打开阅读经典的一扇门而已。期望藉由此门，让更多读者能够领略经典的风采，走上领悟古人思想之路。进而在生活中体证，方能直趋圣贤之境，真得圣贤典籍之大用。

经典，是一代代的古圣先贤留给我们的恩泽与财富，是前辈先人的智慧精华。今日我们在享用这一份财富与恩泽时，更应对古人心存无尽的崇敬与感恩。我们虽恭敬从事，求备求全，然因学养所限、才力不及，舛误难免，恳请先贤原谅，读者海涵。期望这一套国学经典文库，能够为更多人打开博大精深之中华文化的大门。同时也期望得到各界人士的襄助和博雅君子的指正，让我们的工作能够做得更好！

团结出版社

2017年1月

# 前　言

　　纵观文学史，明清之际的清言小品几乎可以和楚辞、汉赋、骈文、唐诗、宋词、元曲并提。国学大师王国维说过："凡一代有一代之文学。"小品文就如同春日的鲜花，在明清之际焕发出奇光异彩，是我国文学史上的一个辉煌标志，并在一定程度上影响了现当代诗歌散文的创作。

　　明清时期是清言小品的盛行时期，诞生了如屠隆的《婆罗馆清言》、洪应明的《菜根谭》、陆绍珩的《醉古堂剑扫》和吕坤的《呻吟语》等大批优秀的小品文集，这类作品大都采用警句、格言、语录的形式，篇幅不长，内容丰富，以论断为主，既有立身处世的格言，也有对事物的品评，还有对生命和自然的思考，表现哲理思考或生活情趣，语言机智风趣，清新隽永，在史记、经传、诗文等文体之外别具一格。

　　《幽梦影》和《幽梦续影》就是其中的代表作之一。林语堂评价《幽梦影》说："我们已经知道大自然的享受不仅限于艺术和绘画。大自然整个渗入我们的生命里。大自然有的是声音、颜色、形状、情趣和氛围；人类以感觉的艺术家的资格，开始选择大自然的适当情趣，使它们和他自己协调起来。这是中国一切诗或散文的作家的态度，可是我觉得这方面的最佳表现乃是张潮在《幽梦影》一书里的警句。这是一部文艺的格言集，这一类的集子在中国很多，可是没有一部可和张潮自己所写的比拟。"因此数十年间他孜孜不倦地推荐这部书，翻译此书，让西方世界见识中国文化。

《幽梦影》的作者张潮，字山来，号心斋，清顺治七年（1650）出生于徽州的一个书香世家。其父张习孔官至刑部郎中、按察使司佥事充任山东提学，后丁母忧而离职，从此不复仕进，经营家业。张潮幼时家境优渥，"田宅风水、奴婢器什、文物典籍"应有尽有，但家教严格。其父所撰《家训》："贫莫贫于无才，贱莫贱于无志。"在父亲的影响下，张潮勤学苦读，自幼"颖异绝伦，好读书，博通经史百家言"，弱冠时"以文名传大江南北"。然而，在科举仕途上他却运气不佳，康熙初岁为贡生，无奈屡试不第，捐官后又因书籍招致家难。正如他所说："十二年间，苦辛坎坷，境遇多违；壮志雄心，消磨殆尽。"索性绝意功名，一面经营盐业，一面醉心著书、编刻之道。

张潮一生喜交友，好游历，曾在江苏如皋、扬州常住。在如皋时与冒辟疆为邻，寓居扬州期间，以刻书为业，结交了当时的许多著名学者、文人，如名士余怀、孔尚任、陈维崧、梅文鼎、施润章、石涛、戴名世等。康熙三十八年（1699），看似超然世外的张潮因恶人构陷入狱，他在《虞初新志》跋中提到此事："予不幸，于己卯岁误陷坑阱中。"《昭代丛书丙集·例言》中也说："仆自己卯岁失足以来，生机萧然。"虽语焉不详，但从其对明遗民的景仰和其作品中不时流露出的愤慨之情——"予尝遇中山狼，恨今世无剑侠，一往恨之""胸中小不平，可以酒消之；世间大不平，非剑不能消也"——可知这位才子与当时主流社会也确实格格不入，乃至其书在乾隆年间遭到厉禁。康熙四十六年（1707），他刊刻《奚囊寸锦》。此后，他的情况便不太清楚了。他与戴名世相识，并对其颇为赞赏。康熙五十年（1711），戴名世因《南山集》案下狱，后被诛，牵连甚广。张潮若在世，恐难逃干系，故有人推测，他可能卒于康熙四十六年至五十年之间。

张潮学识广博，多才多艺，儒、道、佛以及诗词文章、琴棋书画、花鸟鱼虫等无不精通。一生著述颇丰，主要有《幽梦影》《虞初新志》《心斋诗钞》《花影词》《酒律》《心斋聊复集》《花鸟春秋》《心斋杂组》等。与著述相比，张潮更喜欢藏书、编书、刻书，他曾说："仆赋性迂拙，于世事一无所好，独异书秘笈，则不啻性命。"所编文言短篇小说集《虞初新志》被认为对《聊斋志异》的创作有启动之功，其中名篇如《口技》《核舟记》，今人无不成诵。主持编纂的丛书有《昭代丛书》和《檀几丛书》（与王晫同编）。

《幽梦续影》作者朱锡绶，字撷筼，号奔山草衣，生卒年不详，江苏镇洋（今太仓）人。道光二十六年（1864）举人，咸丰四年（1854）起任湖北黄安知县，不为上官所知，郁郁以殁。他学识广博，擅长诗文，兼工绘画。童年时入学读书，性喜挥麈，著述颇丰。著作有《疏兰仙馆诗集》《疏兰仙馆诗续集》《疏兰仙馆诗再续集》《幽梦续影》《沮江随笔》等。

《幽梦影》收录于《昭代丛书》别集，大约成书于康熙三十七年（1698），推测是张潮三十岁到四十五岁之间断续完成的，不是一时一地之作，全书共219则，在写作的过程中即得到清初120余位大学者和艺术家的赞赏和评点570多条，影响极大，张潮用幽静的态度去观察人生与自然，取幽人梦境、似幻如影之意，尽情地抒发了自己对生活所拥有的感受和体验，蕴涵着破人梦境、发人警醒的用心，因此取名《幽梦影》。《幽梦影》在内容上，带有明显的时代特色，当时文人主张抒发心灵，偏爱短小易读、轻松自在、不拘一格的著作。张潮正是如此,他就像是现实社会的旁观者,冷静地观察这个动荡的社会。书中所谈大多是风花雪月、湖光山色、花鸟虫鱼等自然景观,以及琴棋书画、园林赏玩等文人雅兴,当然有时不可避免地带着清初文人的浮夸奢靡。在语言艺术上,《幽梦影》除了有语言短小精炼、善用比喻、大量使用对句和排比句等小品文的共同特点外,还富于想象和联想。如"闻鹅声如在白门,闻橹声如在三吴。闻滩声如在浙江,闻嬴马项下铃铎声,如在长安道上。""对渊博友如读异书,对风雅友如读名人诗文,对谨饬友如读圣贤经传,对滑稽友如阅传奇小说。"使语言在节奏、匀称、声韵的审美角度上更胜一筹。

《幽梦续影》成书于光绪年间,收录格言、箴言、哲言、韵语、警句等86则,约五千字。内容上,多是阅世观物小语,从中可窥作者的人生观及其为人处世的态度,其中不乏哲理名言。于诗文亦略有评述,文字虽短,却有独到见解。如"汉魏诗像春,唐诗像夏,宋元诗像秋,有明诗像冬,包含四时,生化万物,其国初诸老之诗乎?""唐人之诗多类名花:少陵似春兰,幽芳独秀;摩诘似秋菊,冷艳独高;青莲似绿萼梅,仙风骀荡……"等以形象的比喻说明历代诗歌的风格特点,生动别致。书中运用联想、类比的手法,多为短语,喜用排比句式,擅长比兴开头,说理透辟,将生活的点滴美感呈现在读者面前,就像中药里的清凉散,但作者因时代的局限性,个别地方有一些风流自赏、格调不高的文字,但整体而言,瑕不掩瑜,不失为一本清言小品中的上乘之作。

此外,《幽梦影》和《幽梦续影》涉猎范围极广,行文清丽明快,见解精辟独到,思想独树一帜,同时不乏对儒释道的参悟和对人情世态的温和讥讽,读之令人拍案叫绝。然而与别家小品文集不同的是,《幽梦影》和《幽梦续影》并不只收录作者的个人杂感,而是把朋友们读后的评论一起保留在每一条感想之后,正如杨复吉在《幽梦影》跋中称赞道:"令读者如入真长座中,与诸客周旋,聆其謦欬,不禁色舞眉飞,洵翰墨中奇观也。"这就像今天的微博或是朋友圈的评论区,因此阅读此书,仿佛生出那种在"沙发"上浏览古人的朋友圈的现代感来。有风流才子冒辟疆,戏曲名家孔尚任,数学大师梅文鼎,一代诗宗王士禛,画坛领袖查士标,杏林高手江之兰,此外还有外交大使、养鸟高手、棋坛怪杰等,可谓阵容豪华,他们插科打诨、嬉笑怒骂,与我们竟没有丝毫的距离感。古代知识分子的志趣、性情、幽默都凝练在那些短短的评论中。这种新的评点模式一经推出就受到了推崇和效仿。正如周作人所说,《幽梦影》"是那样的新,又是那样的旧"。

本书收录了《幽梦影》和《幽梦续影》两个部分。《幽梦影》的传世版本有一卷本和二卷本之分。一卷本为道光年间《昭代丛书》本、光绪三十四年《晨风阁丛书》本、一九三五年《国学珍本文库》本等所收录,并有清康熙本二卷。《幽梦续影》有清光绪四年(1878)潀喜斋刻本、《晨风阁丛书》本、《啸园丛书》本、《古今说部丛书》本、《丛书集成初编》本等。本书原文在整理校勘过程中,《幽梦影》以道光年间世楷堂刊《昭代丛书》本为底本,《幽梦续影》以清光绪潀喜斋刻本为底本,并参考了1935年出版的《国学珍本文库》本。为方便读者检阅,我们在编辑过程中,为每一则小品都加上了序号,对原文和评语中的典故、人物、历史事件以及难以理解的字词都进行了注释,并对原文做了白话翻译。由于水平有限,错谬疏忽之处,尚祈不吝指正。

# 目　录

## 幽梦影

## 幽梦续影

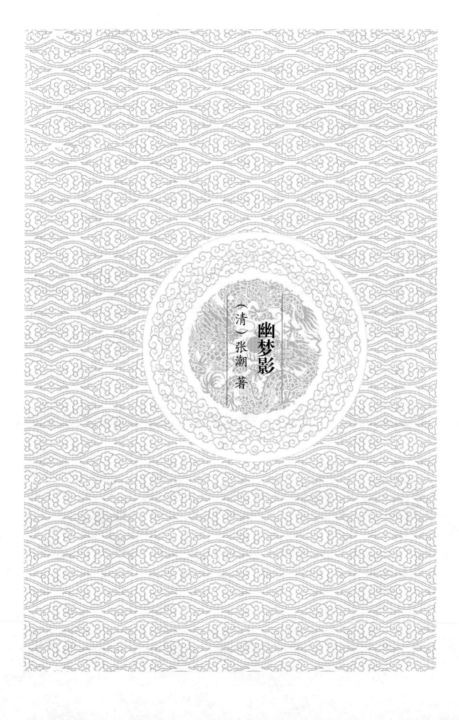

幽梦影

（清）张潮 著

# 《幽梦影》序一

余穷经读史之余，好览稗官小说①，自唐以来不下数百种。不但可以备考遗志②，亦可以增长意识③。如游名山大川者，必探断崖绝壑④；玩乔松古柏者，必采秀草幽花，使耳目一新，襟情怡宕⑤。此非头巾襤褸⑥，章句腐儒之所知也。故余于咏诗撰文之暇，笔录古轶事、今新闻，自少至老，杂著数十种。如《说史》《说诗》《党鉴》《盈鉴》《东山谈苑》《汗青余语》《砚林》《不妄语述》《茶史补》《四莲花斋杂录》《曼翁漫录》《禅林漫录》《读史浮白集》《古今书字辨讹》《秋雪丛谈》《金陵野抄》之类。虽未雕版⑦问世，而友人借抄，几遍东南诸郡，直可傲子云而睨君山矣⑧。

天都张仲子心斋⑨，家积缥缃⑩，胸罗星宿⑪，笔花⑫缭绕，墨沈⑬淋漓。其所著述，与余旗鼓相当，争奇斗富，如孙伯符与太史子义相遇于神亭⑭，又如石崇、王恺击碎珊瑚时也⑮。其《幽梦影》一书，尤多格言妙论，言人之所不能言，道人之所未经道。

展味低徊，似餐帝浆沆瀣⑯，听钧天广乐⑰，不知此身之在下方尘世矣。至如"律己宜带秋气，处世宜带春气"、"婢可以当奴，奴不可以当婢"、"无损于世谓之善人，有害于世谓之恶人"、"寻乐境乃学仙，避苦境乃学佛"。超超玄箸，绝胜支、许清淡⑱。人当镂心铭腑，岂止佩韦书绅⑲而已哉！

鬖持老人余怀⑳广霞制

【注释】①稗（bài）官小说：即野史小说，街谈巷议之言。②备考：留作参考。遗志：指前人留下的标记或记录。③意识：见识。④断崖绝壑：陡峭的山崖和深谷，这里指人迹罕至的险境。⑤怡宕：轻松洒脱。⑥头巾：指迂腐的读书人。褦（nài）襶（dài）：指不晓事；愚蠢无能。⑦雕板：在木板上雕刻图文，作为印刷的底版。⑧子云：即扬雄，字子云，西汉文学家、思想家、语言学家，蜀郡成都（今属四川）人。汉成帝时授给事黄门侍郎，于天禄阁修书，与王莽相交。王莽称帝后，任太中大夫。早年以辞赋闻名。晚年研究哲学，曾撰《太玄》等，提出以"玄"作为宇宙万物根源之学说。君山：即桓谭，字君山，东汉初期哲学家、思想家，博学多通，遍习五经，喜非毁俗儒。著有《新论》29篇。此二人皆以博学多识著称。⑨天都张仲子心斋：即张潮，号心斋，天都是安徽黄山的峰名，因张潮是安徽歙县人，距黄山不远，此处用天都代指其家乡。⑩缥（piǎo）缃（xiāng）：古时多以淡青、浅黄色丝帛作为书囊、书衣，故用以代指书籍。⑪胸罗星宿：即胸罗星斗，比喻知识广博，才华卓绝。⑫笔花：即笔生花。比喻才思俊逸，文笔优美。⑬墨渖（shěn）：墨汁，指学问。⑭孙伯符与太史子义相遇于神亭：指东汉献帝兴平二年（195），太史慈到曲阿拜访扬州刺史刘繇，刘派他出城侦察，孙策与太史慈在神亭相遇，两人奋勇搏斗，彼此不分高下的事。孙伯符，即孙策，东汉吴郡富春人，字伯符，孙坚长子，东汉末年割据江东。太史子义，即太史慈，字子义，东莱郡黄县人，三国时东吴名将，善射，弦不虚发。神亭，在今江苏金坛北。⑮石崇：西晋渤海南皮人，字季伦，小名齐奴，曾任南中郎将、荆州刺史，以豪富奢侈著称。王恺：西晋东海郯县人，字君夫，晋武帝司马炎的母舅，生活奢侈。石崇、王恺斗富，事见《晋书·石崇传》。晋武帝为帮助王恺在斗富中取胜，赐其一株两尺来高的珊瑚树。王恺在石崇面前炫耀，石崇竟用铁如意将珊瑚树打碎。王恺为之变色，石崇却说："你不用心疼，我还你就是了。"命人取出自己所藏的几十株珊瑚树，其中高三四尺的就有六七株，像王恺那样的就更多了。⑯帝浆沆（hàng）瀣（xiè）：指仙人所饮用的露水，比喻其文章美妙超群。沆瀣：夜间的水气，露水。⑰钧天广乐：仙乐，比喻其文章超凡脱俗。⑱支、许清谈：指的是东晋时期的支道林和许询，两人均以善谈玄言著称，他们的言行在《世说新语》中多有记载。⑲佩韦：韦皮性柔韧，性急者佩之以自警戒。语出《韩非子·观行》："西门豹之性急，故佩韦以自缓；董安于之性缓，故佩弦以自急。"后指乐闻规劝。书绅：把要牢记的话写在绅带上。语出《论语·卫灵公》："子张书诸绅。"⑳余怀：字淡心，又字无怀，号曼翁、广霞、鬘持老人等，福建莆田人，明末清初文学家，居南京，晚年退隐吴门。著作很多，最知名的是《板桥杂记》。

【译文】我在遍读经史典籍之外，喜欢看一些野史小说，从唐朝到现在的小说，看了不下几百种。看小说不仅可以把前人留下的记录当作参考，还能增长见识。这就像是游览名山大川，一定要到人迹罕至之地；观赏乔松古柏，一定要采摘秀草幽花，这样不仅能让人眼前耳目一新，还能使人心胸开阔，活得轻松洒脱。这就不是那些愚蠢无能、只懂寻章摘句的迂腐文人所能了解的了。所以我在吟诗作文之余，记录了一些古今轶事、新闻，从少年到老年，写了几十种杂著，如《说史》《说诗》《党鉴》《盈鉴》《东山谈苑》《汗青余语》《砚林》《不妄语述》《茶史补》《四莲花斋杂录》《曼翁漫录》《禅林漫录》《读史浮白集》《古今书字辨讹》《秋雪丛谈》《金陵野抄》等。虽然没有印刷出版，但是朋友们都互相借阅抄录了，影响几乎遍布东南各郡，简直可以傲视扬雄与桓谭了。

安徽歙县张潮，家里藏书万卷，知识广博、才华卓绝，文笔优美，笔酣墨饱。他的著述与我的旗鼓相当，彼此争奇斗艳，就像孙策与太史慈在神亭相遇，又如石崇与王恺斗富，击碎珊瑚树那样。他的《幽梦影》一书，有很多格言妙论，说出了别人说不出的话，道出了别人讲不出的道理。仔细品味此书，就像是在啜饮仙浆玉露，又像在听天上仙乐，使人忘记置身红尘。至于像"律己宜带秋气，处世宜带春气"、"婢可以当奴，奴不可以当婢"、"无损于世谓之善人，有害于世谓之恶人"、"寻乐境乃学仙，避苦境乃学佛"这类妙言，言辞高妙，远胜于东晋支道林和许询的清谈。人们应当铭记于心，何止是劝诫醒世而已！

曼持老人余怀广霞制

# 《幽梦影》序二

心斋著书满家，皆含经咀史<sup>①</sup>，自出机杼<sup>②</sup>，卓然可传。是编是其一脔片羽<sup>③</sup>，然三才<sup>④</sup>之理、万物之情、古今人事之变，皆在是矣。顾题之以"梦"且"影"云者，吾闻海外有国焉，夜长而昼短，以昼之所为为幻，以梦之所遇为真。又闻人有恶其影而欲逃之者。然则梦也者，乃其所以为觉；影也者，乃其所以为形也耶？庾辞隐语<sup>⑤</sup>，言无罪而闻足戒，是则心斋所为尽心焉者也。读是编也，其亦可以闻破梦之钟，而就阴以息影也夫！

江东同学弟孙致弥<sup>⑥</sup>题

【注释】①含经咀史：指欣赏、体味经史中的精华。②自出机杼：比喻文章、诗词的组织和题材别出心裁、独创新意。机杼：本指织布机上的梭子。出自《魏书·祖莹传》："文章须自出机杼，成一家风骨，何能共人同生活也。"③一脔（luán）：一块切成方形的肉。这里指一小部分。片羽：传说中神马吉光的小片毛，喻指残存的少量珍贵品。④三才：指天、地、人。语出《易传·系辞下》："有天道焉，有人道焉，有地道焉。兼三才而两之，故六。六者非它也，三才之道也。"⑤廋（sōu）辞隐语：指谜语，隐约其辞，不直说。廋，隐藏，藏匿。⑥孙致弥：字恺似，号松坪、枞左堂等，清江苏嘉定（今上海嘉定区）人，康熙二十七年（1688）中进士，改翰林院庶吉士，官至侍读学士。著有《枞左堂集》等。

【译文】张潮写的书堆满家中，大都蕴涵着经史菁华，自出机杼，卓越不凡，足以流传后世。此书只是他皇皇著作中的一部，然而天、地、人的义理、万物生发之情、古往今来的人事变迁，都在其中。书名中有"梦"、"影"等字样，我听说海外有一小国，那里夜长昼短，那里的人认为白天的所作所为都是虚幻的，把梦中的经历当成是真实的。又听说有人因厌恶自己的影子而想要摆脱它。然而"梦"，正是人们能够察觉到的原因；"影"，大概也正是人们真实的样子吧？这些含糊的说词说来是没错的，而看到的人就要引起警戒了，这就是张潮费尽心力想要表达的吧。读此书也可以像听到破梦的晨钟之声，到阴影之处隐藏自己的身影了！

江东同学弟孙致弥题

# 《幽梦影》序三

张心斋先生家自黄山，才奔陆海①。栟榈赋②就，锦月投怀③；芍药④词成，繁花作馔。苏子瞻十三楼外⑤，景物犹然；杜牧之廿四桥头⑥，流风仍在。静能见性，洵哉⑦。人我不间⑧，而喜嗔不形，弱仅胜衣，或者清虚日来，而滓秽日去。怜才惜玉，心是灵犀；绣腹锦胸，身同丹凤⑨。花间选句，尽来珠玉之音；月下题词，已满珊瑚之笥⑩。岂如兰台⑪作赋，仅别东西；漆园⑫著书，徒分内外⑬而已哉！

然而繁文艳语，止才子余能；而卓识奇思，诚词人本色。若夫舒性情而为著述，缘阅历以作篇章，清如梵室⑭之钟，令人猛省；响若尼山之铎⑮，别有深思，则《幽梦影》一书，余诚不能已于手舞足蹈、心旷神怡也。

其云"益人谓善，害物谓恶"，咸仿佛乎外王内圣之言；又谓"律己宜秋，处世宜春"，亦陶镕⑯乎诚意正心⑰之旨。他如片花寸草，均有会心。遥水近山，不遗玄想。息机物外，古人之糟粕不论；信手拈时，造化之精微入悟。湖山乘兴，尽可投囊⑱；风月维谭，兼供挥麈⑲。金绳觉路，弘开入梦之毫；宝筏迷津，直渡广长之舌⑳。以风流为道学，寓教化于诙谐。为色为空，知"犹有这个在"㉑；如梦如影，且"应作如是观"㉒。

湖上晦村学人石庞大外㉓氏偶书

【注释】①陆海：南朝梁钟嵘在《诗品》卷上称赞西晋文学家陆机："陆才如海"。后以"陆海"比喻富于文才。②枏（nán）榴赋：即《枏榴枕赋》，三国时广陵张纮所著。事见《三国志·吴书·张纮传》："（张）纮见枏榴枕，爱其文，为作赋。陈琳在北见之，以示人曰：'此吾乡里张子纲所作也。'"枏：同"楠"。③锦月投怀：形容神容俊秀清朗。南朝宋刘义庆《世说新语·容止》："时人目夏侯太初朗朗如日月之入怀。"④芍药：表示爱慕之情，这里指文学中言情作品。《诗·郑风·溱洧》："维士与女，伊其相谑，赠之以芍药。"⑤苏子瞻：即苏轼，字子瞻。十三楼：宋代杭州名胜，亦称"十三间楼"，苏轼在杭州时，常在此处理事务，于诗文中也多有提及。⑥杜牧之：即杜牧，字牧之，曾在扬州做官，多风流之举，所作怀念扬州的诗篇流传甚广。廿四桥：二十四桥，唐代扬州著名的景观。⑦洵哉：确实，诚然。⑧不间：没有区别。⑨丹凤：这里指文采斐然。出自唐李商隐《无题》之一："身无彩凤双飞翼，心有灵犀一点通"。⑩笥（sì）：盛饭或衣物的方形竹器。⑪兰台：指班固，东汉史学家、文学家，汉明帝时任兰台令，故称班兰台。赋：指《两都赋》，分《西都赋》和《东都赋》两篇，两都指东汉西都长安和东都洛阳。⑫漆园：指庄子，战国时期著名思想家庄周曾为漆园吏。⑬徒分内外：庄子著书立说，只是分为内、外篇。内外，指《庄子》的"内篇"和"外篇",实际上《庄子》还包括"杂篇","内外"之说并不确切。⑭梵室:佛殿。⑮尼山之铎:尼山,孔子的出生地山东曲阜,此处代指孔子。铎,以木为舌的大铃,铜质。古代天子摇响木铎召集民众,以宣布政教法令。《论语·八佾》:"天将以夫子为木铎。"意思是上天要孔子宣扬大道,引导民众。⑯陶镕:熏陶浸染。⑰诚意正心:使心术正,意念诚。《礼记·大学》:"欲正其心者,先诚其意;欲诚其意者,先致其知;致知在格物。"⑱投囊:投入囊中,指将一时所感收集起来。⑲挥麈(zhǔ):指清谈。⑳"金绳觉路"以下四句:金绳觉路、宝筏迷津,出自唐代诗人李白的《春日归山寄孟浩然》诗:"金绳开觉路,宝筏渡迷川。"金绳、宝筏都是佛教语,比喻引导人到达彼岸的神圣佛法。入梦之毫,指蒙授五色笔的传说。相传南朝江淹梦人授以五色笔,其后文采俊发,后失其笔,文才大不如前。广长之舌,指佛的舌头,据说佛舌广而长,可覆面上至发际,比喻能言善辩。㉑为色为空,知"犹有这个在":佛教公案,出自《景德传灯录》卷四,禅宗四祖道信访法融禅师,法融引导四祖前往他的禅修处,途中遇虎。四祖故意显出害怕的样子,法融说:"犹有这个在。"后来四祖在法融打坐的石头上写了个"佛"字,法融不敢坐。四祖说:"犹有这个在。"并向法融讲解"一切烦恼业障本来空寂,一切因果皆如梦幻"等禅理。㉒如梦如影,且"应作如是观":泛指对某一事物作如此的看法。语出自《金刚经》:"一切有为法,如梦幻泡影,如露亦如电,应作如是观。"㉓石庞:字晦村,号天外生等,清代戏曲作家,安徽太湖人,一生不取仕途,好结友交游,工诗赋词曲,善书法,著有《因缘梦传奇》《天外谈》《悟语》等。

【译文】家住黄山的张潮先生,有陆机之才。他的文才堪比著有《梅榴枕赋》的张纮,又如夏侯玄一般神容俊秀清朗,如《诗·郑风》

一般以文传情，让人读后就像以鲜花为食。苏轼诗中描绘的十三楼，依旧美好如初；杜牧吟咏过的二十四桥，韵味尚存。人静下心来就能够顿悟本性，诚然是我与他人没有区别，喜怒都不显形于色；尽管虚弱到仅能承受衣物的重量，却可以一天天地变得清高淡泊，并且远离那些渣滓污秽。心高因怜才惜花，心如灵犀般一点即通，才华满腹，如李商隐笔下的丹凤般卓尔不群。这些如同花间选出的佳句，都是如珠玉般清透美妙；又如同月下题就的辞章，已然堆满珊瑚书箱。岂能像班固作《两都赋》一样，仅仅是分出梗概；也不像庄周作《庄子》，只是分为内、外篇而已！

然而繁复的文辞和绮丽的语句，只是才子次要的才能；能够写出卓越的见识，奇诡的思想，才是文人的本色。至于抒发性情，著书论述，要根据自己的阅历来写作，写出的文章就如同寺院的钟声，令人猛然醒悟；像孔子的木铎一般高响，发人深思。那么《幽梦影》此书，我岂能仅是手舞足蹈、心旷神怡而已呢！

书中写到"益人谓善，害物谓恶"，这与儒家外王内圣的言论相似。又说"律己宜秋，处世宜春"，也是融入了《大学》中正心诚意的要旨。其他词句如一草一木，都有会心之处；远水近山，不遗漏玄妙的想法。超然物外，泯灭机心，古人的糟粕不论；有时又似信手拈来，把对大自然精微的奥义都写入感悟。湖光山色，乘兴而游，所思所虑尽可以写成书稿投入囊中；清谈风月，更可以挥麈纵论。就像是用金绳开辟觉悟的道路，打开入梦之笔；又像是为人指点迷津的佛语，如佛舌般善辩莫测。把风流转化为道学，寓教化于诙谐之中。以色相为虚空，是仍旧存有分别心；人生如梦幻如泡影，一切都应该这么看。

湖上晦村学人石庞序

# 《幽梦影》序四

《记》曰："和顺积于中，英华发于外。"①

凡人之言，皆英华之发于外者也。而无不本乎中之积，而适与其人肖焉。是故其人贤者其言雅，其人哲者其言快，其人高者其言爽，其人达者其言旷，其人奇者其言创，其人韵者其言多情而可思。张子所云："对渊博友如读异书，对风雅友如读名人诗文，对谨饬友如读圣贤经传，对滑稽②友如阅传奇小说。"正此意也。

彼在昔立言之人，至今传者，岂徒传其言哉！传其人而已矣。今举集中之言，有快若并州之剪③，有爽若哀家之梨④，有雅若钧天之奏，有旷若空谷之音⑤。创者则如新锦出机，多情则如游丝袅树。以为贤人可也，以为哲人可也，以为达人、奇人亦无不可也。譬之瀛洲之木，日中视之，一叶百形。张子以一人而兼众妙，其殆瀛木之影欤？

然则阅乎此一编，不啻与张子晤对⑥，馨彼我之怀！又奚俟梦中相寻，以致迷不知路，中道而返哉！

同学弟松溪王晫<sup>⑦</sup>拜题

**【注释】**①《记》：即《礼记》，《礼记·乐记·乐象篇下》载："是故情深而文明，气盛而化神，和顺积中，而英华发外。"②滑稽：能言善辩，言辞流利。后指言语动作令人发笑。《史记·滑稽列传》："淳于髡（kūn）者，齐之赘婿也。长不满七尺，滑稽多辩，数使诸侯，未尝屈辱。"③并州之剪：并州生产的刀剪锋利异常。④哀家之梨：传说汉朝秣陵人哀仲所种之梨，实大而味美，人称"哀家梨"。⑤空谷之音：即空谷足音，空旷的山谷里听到的人的脚步声。比喻十分难得，极为可贵的音信、言论。出自《诗经·小雅·白驹》："皎皎白驹，在彼空谷。"《庄子·徐无鬼》："闻人足音跫然而喜也。"⑥晤对：会面交谈。⑦王晫：原名棐（fěi），字丹麓，号松溪子、木庵、霞举堂等，浙江钱塘人，顺治四年秀才，博学多才，工于诗文。四方人士过杭州者，必往访问。他热心于刻书出版，与张潮合编了《檀几丛书》及《昭代丛书》的甲、乙、丙集。著有《霞举堂集》三十五卷、《今世说》八卷、《丹麓杂录》《遂生集》十二卷、《墙东草堂词》等多种杂著。

**【译文】**《礼记》上说："和顺的情感积累在心中，就会有华美的气质表现出来。"

凡是文人的著作，都是其内在气质外发而著的，而没有不是以心中所思为本的，这就与其人相似。因此贤明之人言辞雅致，睿智之人言辞犀利，高雅之人言辞明爽，达观之人言辞旷达，奇异之人言辞独特，风雅之人言辞多情而哀愁。张潮先生说："对渊博友如读异书，对风雅友如读名人诗文，对谨饬友如读圣贤经传，对滑稽友如阅传奇小说。"正是这个意思。

那些曾经著书立说的人，难道能够留传至今的只是他们的言辞吗？留传至今的是他们身上所富有的精神气韵。现在张潮先生把他们的言论的集中于一书，有的言辞犀利如并州的剪刀，爽利如哀仲的梨子，高雅如天上的音乐，旷达如空谷足音，独特的言辞如新造的织锦，多情的言辞如树枝上缠绕的游丝。可以把张先生看作贤人、达人、奇人、哲人都可以，把他比作瀛洲的若木，透过阳光观看，一片叶子的影子有百种形状。而张先生一人身兼各种巧妙，难道他就是瀛洲若木的影子吗？

然而阅读此书，就如同与张先生会面交谈，尽情抒发彼此胸臆！又何必等到梦中相寻，以至于迷惑不知出路，中途就返回呢？

同学弟松溪王晫拜题

# 《幽梦影》前记

张心斋（潮）《幽梦影》抄本一卷，余以重价得之徽州。林语堂君见而喜之。心斋思想言论，正如知堂先生所云，"是那样的旧"，又是"这样的新"。当代思想家，能如心斋这样写得出清新可爱之随笔者，尚绝无仅有。《幽梦影》才子之书，亦大思想家之书也。因焉印行，以饷读者。心斋先生生长歙县，与余为徽州同乡。故乡人士，知有朱熹、戴东原者多矣。而知心斋先生者盖寡。先生著作，散见《檀几丛书》《昭代丛书》等处者，当集尔一卷，俟诸异日尔。

绩溪章衣萍记

# 001. 书读四季

　　读经宜冬,其神专也。读史宜夏,其时久也①。读诸子宜秋,其致别也。读诸集宜春,其机畅也。

　　曹秋岳②曰:可想见其南面百城③时。

　　庞笔奴④曰:读《幽梦影》,则春、夏、秋、冬,无时不宜。

　　【注释】①其时久也:夏日昼长夜短,读历史书需要用较长的时间。唐代诗人李昂在《夏日联句》中的首句:"人皆苦炎热,我爱夏日长。"②曹秋岳:即曹溶,字秋岳,一字洁躬,亦作鉴躬,号倦圃、鉏菜翁,明末清初浙江嘉兴人。家富藏书。工诗词,有《倦圃诗集》《静惕堂诗集》。③南面百城:指居王侯之高位而拥有广大的土地。旧时用来形容统治者的尊荣富有。《魏书·逸士传·李谧》:"丈夫拥书万卷,何假南面百城?"也用来指藏书丰富。④庞笔奴:人名,即庞天池,生平不详。

　　【译文】阅读经书最好在冬天,因为冬天能够让人专心思考。阅读史书最好在夏天,因为夏天昼长夜短,尽可细细品味历史的韵味。阅读诸子百家的著作最好在秋天,因为秋天的景致可使人领会诸子百家的精神内涵。阅读诗词文集最好在春天,因为春天万物勃发尽可领略诗文的美丽。

# 002. 独读经，共读史

经传①宜独坐读，史鉴②宜与友共读。

孙恺似③曰：深得此中真趣，固难为不知者道。

王景州④曰：如无好友，即红友⑤亦可也。

【注释】①经传：指儒家经典和解释经典的传。经指儒家重要典籍，传是解释和阐述经文的著作。②史鉴：泛称史籍。《史记》与《资治通鉴》为我国史书代表著作，故用二者为我国史籍的代称。③孙恺似：即孙致弥。④王景州：即王仲儒，字景州，号西斋，清初江南兴化（今属江苏）人。学问渊博，工诗善书，品行高洁。有《西斋集》《离朱集》等。⑤红友：指酒。语出宋罗大经《鹤林玉露》卷八："常州宜兴县黄土村，东坡南迁北归，尝与单秀才步田至其地，地主携酒来饷，曰：'此红友也。'"

【译文】阅读《诗》《书》《礼》《易》《春秋》《论语》等儒家经典以及儒家经典注疏，应独自阅读，细细体会；对于《史记》《资治通鉴》等历史著作则应与好友一起阅读，互相探讨。

# 003. 以善恶分人

无善无恶是圣人(如"帝力何有于我<sup>①</sup>"、"杀之而不怨,利之而不庸<sup>②</sup>"、"以直报怨,以德报德<sup>③</sup>"、"一介不与,一介不取<sup>④</sup>"之类),善多恶少是贤者(如颜子"不贰过,有不善未尝不知<sup>⑤</sup>"、子路"人告有过则喜<sup>⑥</sup>"之类)。善少恶多是庸人,有恶无善是小人(其偶为善处,亦必有所为),有善无恶是仙佛(其所谓善,亦非吾儒之所谓善也)。

黄九烟<sup>⑦</sup>曰:今人一介不与者甚多,普天之下,皆半边圣人也。利之而不庸者,亦复不少。

江含徵<sup>⑧</sup>曰:先恶后善,是回头人;先善后恶,是两截人<sup>⑨</sup>。

殷日戒<sup>⑩</sup>曰:貌善而心恶者是奸人,亦当分别。

冒青若<sup>⑪</sup>曰:昔人云:"善可为而不可为。"唐解元<sup>⑫</sup>诗云:"善亦懒为何况恶<sup>⑬</sup>!"当于有无多少中更进一层。

【注释】①帝力何有于我:出自帝尧时的古歌谣《击壤歌》。据传上古帝尧时天下大治,有老人在路上击壤而歌:"日出而作,日入而息。凿井而饮,耕田而食。帝力何有于我哉!"意思是:太阳升起就好好耕作,太阳落山就回家休息,想喝水就开凿水井,耕田就有饭吃。帝王的威权跟我有什么关系呢？后来成为歌颂太平盛世的典故。②"杀之而不怨，利之而不庸"：出自《孟子·尽心上》："霸者之民欢虞如也，王者之民皞皞如也。杀之而不怨，利之而不庸，民日迁善而不知为之者。"意思是："霸主治理下的百姓是快乐的，圣王治理下的百姓是舒心的。他们即使被杀也不会怨恨谁，得到恩惠也不会感谢谁，天天向善却不知是谁使他们这样的。"③"以直报怨，以德报德"：出自《论语·宪问》："或曰：'以德报怨，何如？'子曰：'何以报德？以直报怨，以德报德。'"意思是：有人问孔子："不记仇恨，反以恩德回报他人，怎么样？"孔子说："那你用什么来报答别人对你的恩德呢？当然是以公正的态度来对待伤害自己的人，用恩德来报答恩德"。④"一介不与，一介不取"：介，通"芥"，芥菜子，形容微小。出自《孟子·万章上》："非其义也，非其道也，一介不以与人，一介不以取诸人。"意思是：如果是违背正义和道德的，即使是再小的东西也不会给予他人，即使是再小的东西也不向他人索取。⑤不贰过：不重复犯同样的错误。出自《论语·雍也》，孔子对曰"有颜回者好学，不迁怒，不贰过。"意思是：我有个叫颜回的学生，爱学习，不迁怒别人，不重复犯同样的错误。有不善未尝不知：出自《周易·系辞下》："子曰：'颜氏之子，其殆庶几乎？有不善未尝不知，知之未尝复行也。'"不善，指过失。意思是：孔子说："颜回大概近于完人了吧。没有什么不好的事情是他不知道的，既然知道是不好的事情他就不会去做。"⑥人告有过则喜：出自《孟子·公孙丑上》："子路，人告之以有过，则喜。"意思是：子路听到别人指出自己的过失就很高兴。即虚心接受意见。⑦黄九烟：本姓周，名星，字九烟，又字景虞，号圃庵、而庵，生于上元（今南京），湖南湘潭人。明末清初戏曲家，工诗文，通音律，作戏曲，好结社，著有《夏为堂集》《人天乐传奇》《证道西游记》等。⑧江含徵：即江之兰，清初医家，字含徵，号文房、香雪斋等；安徽歙县人，寓居东淘（今江苏东台）。著有《医津一筏》（或称《医津筏》）、《内经释要》《文房约》等。⑨两截人：言行不一之人；前后不一之人。⑩殷日戒：即殷曙，字日戒，安徽歙县人。是张潮父亲张习孔的门人，与张潮亦交好。著有《竹溪杂述》等。⑪冒青若：即冒丹书，字青若，号卯君，清江苏如皋人，冒襄次子。著有《枕烟堂集》《西堂集》等。⑫唐解元：即唐寅，字伯虎，号六如居士，南直隶苏州府吴县（今江苏省苏州市）人，明代画家、书法家、诗人。⑬善亦懒为何况恶：善事都懒得做，何况是恶事。语出唐寅《言怀》："善亦懒为何况恶，富非所望不忧贫。"

【译文】既不行善也不行恶的是圣人（比如"帝王的威权跟我有什么关系"、"即使被杀也不怨恨谁，得到恩惠也不会酬谢谁"、"用公正的态度来对待伤害自己的人，用恩德来报答恩德"、"即使是再小的东西也不会给予他人，即使是再小的东西也不向他人索取。"之类）。善行多恶行少的是贤人，（比如颜回"不重复犯同样的错误，对于自己的过失没有不知道的"、子路"听到别人指出他的过错就很高兴"之类）。善行少恶行多的是平常人。只行恶不行善的是小人（这种人就算偶有善举，也必有不可告人的目的）。只行善不行恶的是仙佛（仙佛的善行，也不是我们儒家所说的善行）。

# 004. 知己论

天下有一人知己，可以不恨。不独人也，物亦有之。如菊以渊明<sup>①</sup>为知己，梅以和靖<sup>②</sup>为知己，竹以子猷<sup>③</sup>为知己。莲以濂溪<sup>④</sup>为知己，桃以避秦人<sup>⑤</sup>为知己，杏以董奉<sup>⑥</sup>为知己，石以米颠<sup>⑦</sup>为知己，荔枝以太真<sup>⑧</sup>为知己，茶以卢仝、陆羽<sup>⑨</sup>为知己，香草以灵均<sup>⑩</sup>为知己，莼鲈以季鹰<sup>⑪</sup>为知己，蕉以怀素<sup>⑫</sup>为知己，瓜以邵平<sup>⑬</sup>为知己，鸡以处宗<sup>⑭</sup>为知己，鹅以右军<sup>⑮</sup>为知己，鼓以祢衡<sup>⑯</sup>为知己，琵琶以明妃<sup>⑰</sup>为知己。一与之订<sup>⑱</sup>，千秋不移。若松之于秦始<sup>⑲</sup>，鹤之于卫懿<sup>⑳</sup>，正所谓不可与作缘者也。

查二瞻<sup>㉑</sup>曰：此非松鹤有求于秦始、卫懿，不幸为其所近，欲避之而不能耳。

殷日戒曰：二君究非知松鹤者，然亦无损其为松鹤。

周星远曰：鹤于卫懿，犹当感恩。至吕政<sup>㉒</sup>五大无之爵，直是唐突十八公<sup>㉓</sup>耳。

王名友曰：松遇封，鹤乘轩，还是知己。世间尚有劚<sup>㉔</sup>松煮鹤者，此又秦、卫之罪人也。

张竹坡<sup>㉕</sup>曰：人中无知己，而下求于物，是物幸而人不幸矣。物不遇知己，而滥用于人，是人快而物不快矣。可见知己之难，知其难，方能知其乐。

【注释】①渊明：即陶渊明，字元亮，浔阳柴桑（今江西九江）人，东晋田园诗人，创作《归园田居》五首、《杂诗》十二首等，十分喜爱菊花，如"采菊东篱下，悠然见南山"等。②和靖：即林逋，字君复，奉化大里黄贤村人，北宋著名隐逸诗人，宋仁宗赐谥"和靖"，后人称和靖先生。《宋史·林逋传》说他隐居在西湖孤山，终身不仕、不娶，无子，惟喜植梅养鹤，自谓"以梅为妻，以鹤为子"，人称"梅妻鹤子"。咏梅诗名句"疏影横斜水清浅，暗香浮动月黄昏"即出自于他的《山园小梅》。③子猷：即王徽之，字子猷，东晋大书法家王羲之第五子。性情卓荦不羁，爱竹成癖。④濂溪：即周敦颐，字茂叔，世称濂溪先生，北宋理学家。酷爱白莲，有传世名篇《爱莲说》。⑤避秦人：指陶渊明《桃花源记》中的桃花源人。⑥董奉：东汉建安时期名医。又名董平，字君异，号拔墩，候官县董墘村（今福州市长乐区古槐镇龙田村）人。以医术和医德闻名于世，为人治病不取报酬，只要求被治好的病人栽杏树，重者栽杏五株，轻者栽杏一株。⑦米颠：北宋书法家米芾，字元章，湖北襄阳人，因举止癫狂，人称"米颠"。是著名的石痴，故常因爱异石而废公事。⑧太真：即唐玄宗的贵妃杨玉环，号太真，颇爱吃新鲜荔枝。故有杜牧"一骑红尘妃子笑，无人知是荔枝来"之句。⑨卢仝：晚唐诗人，号玉川子，初唐四杰卢照邻之孙。好茶成癖，曾作《茶谱》，《七碗茶诗》，被世人尊称为"茶仙"。陆羽：字鸿渐，号竟陵子，唐代茶学家，以嗜茶著称，精于茶道，撰有中国第一部茶学专著《茶经》，被尊为"茶圣"、祀为"茶神"。⑩灵均：即战国时期楚国诗人屈原，自称名正则，字灵均，作有《离骚》《九歌》《九章》《天问》等，常以香草美人比喻忠贞之士。⑪季鹰：西晋文学家张翰，字季鹰，吴郡吴县（今江苏苏州市）人。因不愿卷入晋室八王之乱，借口秋风起，思念家乡的菰菜（茭白）、莼羹、鲈鱼，辞官回吴松（淞）江畔，即"莼鲈之思"的典故。⑫怀素：唐代僧人、书法家，以狂草闻名，与张旭并称"颠张狂素"，史称"草圣"。相传因家境贫寒买不起纸张，便种了万余株芭蕉，以芭蕉叶代替纸练字，还因此把自己的住所称为"绿天庵"。⑬邵平：本为秦东陵侯，秦亡后成为贫穷布衣，在长安城东南霸城门外种瓜，味甜美，五色皮，时称东陵瓜。⑭处宗：晋兖州刺史沛国宋处宗，平生爱鸡，买得一长鸣鸡，笼养于窗前，鸡能作人语，终日与处宗谈论。⑮右军：东晋书法家王羲之，字逸少，官至右军将军，故后人习称"王右军"。性爱鹅，有以书与山阴道士换鹅的故事。⑯祢衡：字正平，东汉末名士，恃才傲物。因"击鼓骂曹"，被曹操遣送给刘表，对刘表轻慢，被刘表送给黄祖，最后和黄祖言语冲突而被杀。⑰明妃：即王昭君，晋避司马昭讳，改称明君，后人又称为明妃。奉汉元帝命与匈奴和亲，昭君带着琵琶出塞远嫁。⑱订：订交，结为知己。⑲秦始：秦始皇封禅泰山，半路上遇到暴雨，在大松树下躲避，后来便封那棵松树为五大夫。五大夫是战国、秦汉时的官名。⑳卫懿：春秋时卫懿公喜欢养鹤，竟赐给鹤官位和俸禄，因此遭致臣民怨恨。狄人入侵时，士兵们不肯效力，说："还是派鹤去迎敌吧！"最终卫懿公兵败被杀。㉑查二瞻：即查士标，字二瞻，号梅壑散人，清初著名画家、书法家和诗人，新安派"海阳四家"（江韬、查士标、孙逸、汪之瑞）之一，著有《种书堂遗稿》等。㉒吕政：即秦始皇嬴政，《史记·吕不韦列传》称始皇生母嫁给异人时，已经怀有身孕，据此有人认为始皇为吕不韦之子，称其为吕政，含有轻蔑之意。㉓十八公：指松，出自《三国志》："松字十八公也"。这里有讥讽之意。㉔劚（zhú）：砍，掘。㉕张竹坡：即张道深，字竹坡，铜山人，著有《十一草》。除《幽梦影》外，他还评点过《东游记》和《金瓶梅》，尤以评点《金瓶梅》著称，与张潮于扬州相识，并拜为叔侄。

【译文】普天之下能有一知己，就没有什么可遗憾的了。不仅人是这样，万物也是如此。比如菊以陶渊明为知己，梅以林逋为知己，竹以王徽之为知己，莲以周敦颐为知己，桃以桃花源中的人为知己，杏以董奉为知己，石以米芾为知己，荔枝以杨贵妃为知己，茶以卢仝、陆羽为知己，香草以屈原为知己，莼羹、鲈鱼脍以张翰为知己、芭蕉叶以怀素为知己，瓜以邵平为知己，鸡以宋处宗为知己，鹅以王羲之为知己，鼓以祢衡为知己，琵琶以王昭君为知己。只要彼此成为知己，便永远不变。至于松与秦始皇，鹤与卫懿公，则是松和鹤的不幸。

# 005. 菩萨心肠

为月忧云，为书忧蠹①，为花忧风雨，为才子佳人忧命薄，真是菩萨心肠。

余淡心②曰：洵如君言，亦安有乐时耶？

孙松坪③曰：所谓君子有终身之忧者耶！

黄交三④曰："为才子、佳人忧命薄"一语，真令人泪湿青衫。

张竹坡曰：第四忧，恐命薄者消受不起。

江含徵曰：我读此书时，不免为蟹忧雾。

竹坡又曰：江子此言，直是为自己忧蟹耳。

尤悔庵⑤曰：杞人忧天，嫠妇⑥忧国，无乃类是。

**【注释】**①蠹(dù)：蛀蚀器物的虫子，中国的线装古籍常常被蠹虫毁坏。②余淡心：即余怀。③孙松坪：即孙致弥。④黄交三：即黄泰来，字交三，一字竹舫，号石间，江苏泰州人，黄云次子。好读书，善词赋，兼工隶篆绘事，与兄阳生时称"二雄"。有《观海集》《浮香阁集》《浣花词》等。⑤尤悔庵：即尤侗，字同人，一字展成，号悔庵、西堂，晚号艮斋，江南长洲（今江苏苏州）人。明末清初文学家、戏曲家，著有《西堂杂俎》《艮斋杂记》《鹤栖堂文集》等。⑥嫠(lí)妇：寡妇。《左传·昭公十九年》："初莒有妇人，莒子杀其夫，已为嫠妇。"

**【译文】**喜欢圆月担忧被乌云遮蔽，喜爱书籍担忧被蠹虫蛀蚀，喜欢花朵担忧被风雨摧折，喜爱才子佳人担忧他们命途乖舛，真是大慈大悲的菩萨心肠啊。

# 006.人不可无癖

花不可以无蝶，山不可以无泉。石不可以无苔，水不可以无藻，乔木不可以无藤萝，人不可以无癖。

黄石间<sup>①</sup>曰："事到可传皆具癖"，正谓此耳。

孙松坪曰：和长舆<sup>②</sup>却未许藉口。

【注释】①黄石间：即黄泰来。

②和长舆：即和峤，字长舆，西晋汝南西平（今河南西平）人。为官清简，盛名于世。家富而性吝，杜预称其有"钱癖"。卒谥简。

【译文】鲜花不离蝴蝶的眷恋，青山不离泉水的穿流，岩石不离苔藓的遮蔽，流水不离萍藻的点缀，乔木不离藤萝的缠绕，人不能没有兴趣爱好。

# 007. 听声

春听鸟声。夏听蝉声。秋听虫声，冬听雪声，白昼听棋声，月下听箫声，山中听松风声，水际听欸乃<sup>①</sup>声，方不虚生此耳。若恶少斥辱。悍妻诟谇<sup>②</sup>。真不若耳聋也。

黄仙裳<sup>③</sup>曰：此诸种声颇易得，在人能领略耳。

朱菊山<sup>④</sup>曰：山老<sup>⑤</sup>所居，乃城市山林，故其言如此。若我辈日在广陵<sup>⑥</sup>城市中，求一鸟声，不啻<sup>⑦</sup>如凤凰之鸣，顾可易言耶？

释中洲<sup>⑧</sup>曰：昔文殊选二十五位圆通<sup>⑨</sup>，以普门<sup>⑩</sup>耳根为第一。今心斋居士<sup>⑪</sup>，耳根不减普门。吾他日选圆通，自当以心斋为第一矣。

张竹坡曰：久客者，欲听儿辈读书声，了不可得。

张迂庵<sup>⑫</sup>曰：可见对恶少悍妻，尚不若日与禽虫周旋也。又曰：读此方知先生耳聋之妙。

**【注释】**①欸（ǎi）乃：象声词，指摇橹划船的声音，后来也指船歌或渔歌。②诟谇（suì）：辱骂。③黄仙裳：名云，字仙裳，号旧樵，工诗文。有《悠然堂集》《桐引楼诗》。④朱菊山：即朱慎，字其恭，号菊山。武义人，工诗，性格豪放。与孔尚任等友善。⑤山老：即作者张潮。⑥广陵：江苏扬州。⑦不啻（chì）：如同。⑧释中洲：据清汪师韩《诗学纂闻》载，康熙间有僧中洲，京口（今江苏镇江）人，住黄山三十年，集前人成句为《黄山赋》，共八千七十三言，毛西河（奇龄）极为叹赏。疑即此人。又清初有僧人法名海岳，字菌人，号中洲，住金陵（今江苏南京）清凉寺，以诗、画自娱，为名人叹赏，或即同一人。⑨圆通：佛教用语。称佛、菩萨没有达到无明、烦恼的障碍，恢复清净本性的境界。圆，即不偏倚；通，即无障碍。此处指代已得圆通者。⑩普门：佛教用语，指普摄一切众生的广大圆融的法门。见《法华经·观世音菩萨普门品》。⑪心斋居士：即作者张潮。⑫张迂庵：即张兆铉，字贯玉，号迂庵，安徽歙县人，张潮之侄。

**【译文】**春日聆听百鸟的歌唱，夏日聆听蝉虫的长鸣，秋日聆听秋虫的低吟，冬日聆听冬雪的私语，白昼倾听对弈的落子之声，月下倾听洞箫的呜咽之声，山中倾听松涛的起伏之声，水边听桨橹轻摇的咿呀之声，才算得上是对得起这些美妙的声音。若听到的是年轻无赖的呵斥与辱骂，或凶悍妇女的诅咒与恶言，那还不如耳朵聋了好。

# 008. 酌友

上元①须酌豪友，端午须酌丽友，七夕须酌韵友，中秋须酌淡友，重九须酌逸友。

朱菊山曰：我于诸友中，当何所属耶？

王武徵②曰：君当在豪与韵之间耳。

王名友曰：维扬③丽友多，豪友少，韵友更少，至于淡友、逸友，则削迹矣。

张竹坡曰：诸友易得，发心酌之者为难能耳。

顾天石④曰：除夕须酌不得意之友。

徐砚谷⑤曰：惟我则无时不可酌耳。

尤谨庸⑥曰：上元酌灯，端午酌彩丝⑦，七夕酌双星⑧，中秋酌月，重九酌菊，则吾友俱备矣。

【注释】①上元：即上元节，农历正月十五，又称为元宵、元夜、灯节等。②王武徵：即王方岐，字武徵，号蒙谷，江苏扬州江都人，明遗民，与郑听庵、徐地山等为"竹西十侠"。博通典籍，放情诗酒。有《蒙斋文集》《蒙斋诗集》等。③维扬：扬州的别称。④顾天石：即顾彩，字天石，号补斋、湘槎，别号梦鹤居士，江苏无锡人，清代戏曲作家。与孔尚任交往密切，合写《小忽雷》传奇，并改《桃花扇》为《南桃花扇》。代表作有《往深斋集》《辟疆园文稿》《鹤边词》等。⑤徐砚谷：不详。⑥尤谨庸：即尤珍，字谨庸，一字慧珠，号沧湄，清江苏州人，尤侗之子，工诗，著有《沧湄札记》《沧湄诗钞》等。⑦彩丝：旧俗以彩丝为端午日应节之物。⑧双星：即牛郎、织女二星。

**【译文】**元宵节应与豪迈大方的朋友畅饮，端午节应与英俊潇洒的朋友对饮，七夕节应与擅长诗文的朋友清酌，中秋节应与淡泊名利的朋友浅斟，重阳节应与超然脱俗的朋友慢酌。

# 009. 物类神仙

鳞虫①中金鱼，羽虫中紫燕②，可云物类神仙。正如东方曼倩③避世金马门④，人不得而害之。

江含徵曰：金鱼之所以免汤镬⑤者，以其色胜而味苦耳。昔人有以重价觅奇特者，以馈邑侯⑥。邑侯他日谓之曰："贤所赠花鱼殊无味。"盖已烹之矣。世岂少削圆方竹杖者哉？

**【注释】**①鳞虫：体表有鳞甲的动物，一般指鱼类和爬行类。这里泛指动物。②紫燕：燕的一种，也叫越燕，体形小而多声，颔下紫色，营巢于门楣之上，分布于江南。见宋罗愿《尔雅翼·释鸟三》。③东方曼倩：

即东方朔,字曼倩,平原郡厌次县人,西汉时期著名文学家。武帝时以诙谐滑稽而著名,有《答客难》《非有先生论》等名篇。④金马门:汉代宫门名。学士待诏之处。东方朔刚到长安时,武帝让他待诏金马门。⑤汤镬(huò):滚开的水锅或油锅。⑥邑侯:指县令。

【译文】鱼中金鱼,鸟中紫燕,可说是动物中的神仙,正如东方朔避世于朝廷,常伴君侧,得以避祸全身。

# 010. 人世与出世

入世须学东方曼倩,出世须学佛印了元①。

江含徵曰:武帝高明②喜杀,而曼倩能免于死者,亦全赖吃了长生酒③耳。

殷日戒曰:曼倩诗有云:"依隐玩世,诡时不逢。"④此其所以免死也。

石天外⑤曰:入得世,然后出得世;入世出世,打成一片,方有得心应手处。

【注释】①佛印了元:北宋云门宗高僧,名了元,号佛印,字觉老。江西人,俗姓林。佛教禅宗南五家之一的云门宗极盛于北宋,而佛印了元正是云门宗的代表人物之一,曾住持金山寺、焦山普济寺等,与苏轼、黄庭坚相交往，能诗。②高明：对人的敬词。③长生酒：据北宋范致明《岳阳风土记》引南朝庚穆之《湘州记》说，君山上有"饮之即不死，为神仙"的仙酒。汉武帝派人求取来，不料东方朔先偷喝了。武帝大怒，将杀之，东方朔说："使酒有验，杀臣亦不死；无验，安用酒为？"帝于是笑而释之。④依隐玩世，诡时不逢：出自东方朔《诫子》一诗，意思是做隐士，不去关心时事和世事，以出世的态度看待世界，不为世间的琐事干扰。这样与时俗不同的处世策略，就不会遇到祸害。⑤石天外：即石庞。

【译文】投身官场要学东方朔，入俗而不俗；超越尘世要学佛印和尚，出俗且入俗。

# 011. 赏花、醉月、映雪

赏花宜对佳人，醉月宜对韵人。映雪①宜对高人。

余淡心曰：花即佳人，月即韵人，雪即高人。既已赏花、醉月、映雪，即与对佳人、韵人、高人无异也。

江含徵曰：若对此君仍大嚼，世间哪有扬州鹤！②

张竹坡曰：聚花、月、雪于一时，合佳、韵、高为一人，吾当不赏而心醉矣。

【注释】①映雪：原指晚上借雪反光读书，相传孙康家贫，常映雪读书，这里泛指赏雪。②若对此君仍大嚼，世间哪有扬州鹤：出自宋代苏轼的诗《於潜僧绿筠轩》："可使食无肉，不可居无竹。无肉令人瘦，无竹令人俗。人瘦尚可肥，士俗不可医。旁人笑此言，似高还似痴。若对此君仍大嚼，世间哪有扬州鹤。"此君，指竹子。扬州鹤，据南朝梁人殷芸《小说》载，"有客相从，各言所志：或愿为扬州刺史，或愿多资财，或愿骑鹤上升。其一人曰：'腰缠十万贯，骑鹤上扬州'，欲兼三者。"意思就是说：有几个人各言其志，有的愿为扬州刺史，有的愿多资财，有的则愿骑鹤为仙。然后其中一人说道："腰缠十万贯，骑鹤上扬州。"想将那三人的梦想兼而有之。后以"扬州鹤"比喻完美的事物。

【译文】与美丽漂亮的人相伴赏花；与风流雅致的人月下畅饮；与高洁脱俗的人赏雪游玩。

# 012. 交友如读书

对渊博友，如读异书①；对风雅友，如读名人诗文；对谨饬②友，如读圣贤经传；对滑稽友，如阅传奇③小说。

李圣许曰：读这几种书，亦如对这几种友。

张竹坡曰：善于读书、取友之言。

**【注释】**①异书：珍贵或罕见的书籍。②谨饬：谨慎。③传奇：泛指戏曲、小说。

**【译文】**与知识渊博的人交谈，就像在读一本珍贵而罕见的书；与风流雅致的人交谈，就像在读名人的诗词文章；与谨言慎行的人交谈，就像在读圣贤的经典传文；与诙谐幽默的人交谈，就像在阅读传奇小说。

# 013.书法论

楷书须如文人；草书须如名将；行书介乎二者之间，如羊叔子缓带轻裘①，正是佳处。

程穆老②曰：心斋不工书法，乃解作此语耶！

张竹坡曰：所以羲之必做右将军。

**【注释】**①羊叔子：即羊祜，字叔子，晋初名臣，有文武才，西晋的开国元勋。他"在军常轻裘缓带，身不披甲"，一派儒将风度。见《晋书·羊祜传》。缓带轻裘：宽松的衣带、轻而暖的裘服。形容雍容闲适的儒雅风度。②程穆 (wěi) 老：即程京萼，清代书法家，字韦华，号袚斋。江苏上元 (今江苏南京) 人，原籍安徽歙县。其书风空灵瘦硬，包世臣 (艺舟双楫) 列其行书于逸品下十六人之列。程京萼与八大山人交契甚深，曾帮八大山人卖画。

【译文】写楷书要像端秀儒雅的文人那样沉稳有力，一丝不苟；写草书要像纵横驰骋的名将那样大气磅礴，一往无前；写行书则在这二者之间，既要端庄有致又要坦荡舒卷，就如西晋羊叔子一样，他虽为领军元帅，在军中却总是缓带轻裘，身不披甲，真是别有风度，这才是书法的最高境界。

# 014. 入诗与入画

人须求可入诗，物须求可入画。

龚半千①曰：物之不可入画者，猪也，阿堵物②也，恶少年也。

张竹坡曰：诗亦求可见得人，画亦求可像个物。

石天外曰：人须求可入画，物须求可入诗，亦妙。

【注释】①龚半千：即龚贤，又名岂贤，字半千，一字野遗，号柴丈人、钟山野老、半亩居人等，明遗民，江苏昆山人。善画山水，为金陵八大家之首，兼工书法，又能诗。有《画诀》《香草亭集》《半亩园诗草》等。②阿堵物：指钱。语出《世说新语·规箴》："王夷甫雅尚玄远，常嫉其妇贪浊，口未尝言钱事。妇欲试之，令婢以钱绕床不得行。夷甫晨起，见钱阂行，呼婢曰：'举却阿堵物！'"阿堵，六朝人口语，即这个。后人即称钱为阿堵物。

【译文】人要有高贵的品格才可入诗，物要有美丽的姿态才可入画。

# 015. 少年与老成

少年人须有老成①之识见，老成人须有少年之襟怀。

江含徵曰：今之钟鸣漏尽②、白发盈头者，若多收几斛③麦，便欲置侧室④，岂非有少年襟怀耶？独是少年老成者少耳。

张竹坡曰：十七八岁便有妾，亦居然少年老成。

李若金⑤曰：老而腐板⑥，定非豪杰。

王司直⑦曰：如此，方不使岁月弄人。

【注释】①老成：老练成熟，阅历多而世事练达。②钟鸣漏尽：指深夜，晨钟已鸣，更漏将尽。比喻年老力衰，已到迟暮之年。漏，古代滴水计时的仪器。③斛（hú）：量器名，亦是容量单位，古代以十斗为一斛，南宋末年改为五斗。④侧室：即妾，小老婆。⑤李若金：即李淦（gàn），字若金，一字季子，号水樵，南明举人，江苏兴化人。博学多才，性好山水，著有《砺园集》《燕翼篇》等。⑥腐板：迂腐古板。⑦王司直：即王桌，字司直，与兄王概、王蓍均善绘画。清代木版彩色套印版画的杰作《芥子园画传》主要成于三兄弟之手。

【译文】年轻人要学习老年人的世事练达，老年人要学习年轻人的朝气蓬勃。

# 016.春与秋

春者，天之本怀；秋者，天之别调。

石天外曰：此是透彻性命关头语。

袁中江[①]曰：得春气者，人之本怀；得秋气者，人之别调。

尤悔庵曰：夏者，天之客气[②]；冬者，天之素风[③]。

陆云士曰[④]：和神[⑤]当春，清节[⑥]为秋，天在人中矣。

【注释】①袁中江：即袁启旭，字士旦，号中江，清安徽宣城人。工诗好游，游于公卿间，宗室红兰主人称之为"南中第一才子"。有《中江纪年稿》。②客气：古代用以说明气候变化的术语，与主气相对。主气指每年各个季节固定的气候变化，客气则指气候的具体变化。③素风：此处大致意思如主气，意谓平素的作风。④陆云士：即陆次云，字云士，号北墅，浙江钱塘人。清诗人，著有《八纮绎史》《澄江集》《玉山词》等。⑤和神：和悦心神。⑥清节：高洁的节操。

【译文】春日万木向荣，生机勃勃，是大自然本来的面目；秋日万物凋零，处处肃杀，是大自然的另一种情调。

# 017. 人生与所好

昔人<sup>①</sup>云："若无花月美人，不愿生此世界。"予益一语云："若无翰墨<sup>②</sup>棋酒，不必定作人身。"

殷日戒曰：枉为人身生在世界者，急宜猛省。

顾天石曰：海外诸国，决无翰墨棋酒。即有，亦不与吾同，一般有人，何也？

胡会来曰：若无豪杰文人，亦不须要此世界。

【注释】①昔人：下文"若无花月美人"这段话，有好几种书都引用过。按明曹臣编《舌华录》引作"吴逵曰"，明陈继儒编《竹屋三书》引作"吴延祖曰"。吴逵、吴延祖具体情况不详，是同一人也未可知。②翰墨：原指笔、墨，借指文章、书画。

【译文】古人说："如果没有花、月、美人这些美好的事物，我就不愿生在这个世界上。"我再加一句："如果不懂书、画、棋、酒这些高雅的情趣，纵然生在这个世界上也是枉为人身。"

# 018. 愿望

愿在木而为樗<sup>①</sup>（不才终其天年），愿在草而为蓍<sup>②</sup>（前知），愿在鸟而为鸥<sup>③</sup>（忘机），愿在兽而为廌<sup>④</sup>（触邪），愿在虫而为蝶（花间栩栩）。愿在鱼而为鲲<sup>⑤</sup>（逍遥游）。

吴园次<sup>⑥</sup>曰：较之《闲情》<sup>⑦</sup>一赋，所愿更自不同。

郑破水<sup>⑧</sup>曰：我愿生生世世为顽石。

尤悔庵曰：第一大愿。又曰：愿在人而为梦。

尤慧珠<sup>⑨</sup>曰：我亦有大愿，愿在梦而为影。

弟木山<sup>⑩</sup>曰：前四愿皆是相反。盖前知则必多才，忘机则不能触邪也。

【注释】①樗（chū）：一种落叶乔木，俗名臭椿，气味很难闻，古人认为是"恶木"。②蓍（shī）：蓍草，一种多年生草本植物，古代常用其茎占卜。③鸥：水鸟名。鸥鹭忘机，源于《列子·黄帝》："海上之人有好沤鸟者，每旦之海上，从沤鸟游，沤鸟之至者百住而不止。其父曰：'吾闻沤鸟皆从汝游，汝取来，吾玩之。'明日之海上，沤鸟舞而不下也。"说没有心机者，异类亦与之相亲。后以"鸥鹭忘机"指淡泊隐居，不以世事为怀。④廌（zhì）：通"豸"，獬豸，古代传说中的独角兽，能辨善恶曲直，见有人争斗就用角去顶坏人。后来人们把它作为司法公正的象征。⑤鲲：大鱼。《庄子·逍遥游》："北冥有鱼，其名为鲲。鲲之大，不知其几千里也。化而为鸟，其名为鹏。鹏之背，不知其几千里也。怒而飞，其翼若垂天之云……水击三千里，抟扶摇而上者九万里。"以喻自在逍遥、不受羁绊之物。⑥吴园次：即吴绮，字园次，号丰南，听翁，红豆词人。工文，尤长于骈文，亦能诗。有《林蕙堂诗文集》《艺香词》等。亦能曲，作有《啸秋风》《绣平原》《忠愍记》等传奇。⑦《闲情》：指陶渊明的《闲情赋》，其中有"愿在衣而为领"、"愿在裳而为带"、"愿在竹而为扇"、"愿在木而为桐"等十愿。⑧郑破水：即郑晋德，字破水，安徽歙县人，著有《三友棋谱》。⑨尤慧珠：即尤珍。⑩弟木山：张潮之弟张渐，字木山，安徽歙县人。"东囿"疑为其号。张渐曾与张潮一起编纂《昭代丛书》丙集。

【译文】如果要作树，我愿作一棵臭椿（它虽然对人没有用处却能安享天年）；如果要化草，我愿化作一棵蓍草（它可以用来占卜预知未来）；如果要作鸟，我愿作一只鸥鸟（它没有心机，无忧无虑）；如果要作走兽，我愿作一只獬豸（它能够判断是非，明辨善恶）；如果要化虫，我愿羽化为一只蝴蝶（它舒展着双翅在花丛翩然起舞）；如果要作鱼，我愿化作一只鲲（它可以变成大鹏在天地间自由遨游）。

# 019. 盘古之偶

　　黄九烟先生云："古今人必有其偶双，千古而无偶者，其惟盘古乎！"予谓盘古亦未尝无偶，但我辈不及见耳。其人为谁？即此劫<sup>①</sup>尽时最后一人是也。

　　孙松坪曰：如此眼光<sup>②</sup>，何啻<sup>③</sup>出牛背上<sup>④</sup>耶！

　　洪秋士<sup>⑤</sup>曰：偶亦不必定是两人。有三人为偶者，有四人为偶者，有五六七八人为偶者。是又不可不知。

　　**【注释】**①劫：佛家认为天地不停地经历从形成到毁灭的循环过程，每一次循环称为一劫，劫是梵文音译"劫波"的简称，意为极久远的时间。②如此眼光：比喻目光短浅。③何啻（chì）：以反问的语气表示不止。④出牛背上：语出《世说新语·雅量第六》："王夷甫尝属族人事，经时未行。遇于一处饮宴，因语之曰：'近属尊事，哪得不行？'族人大怒，便举樏掷其面。夷甫都无言，盥洗毕，牵王丞相臂，与共载去。在车中照镜，语丞相曰：'汝看我眼光，乃出牛背上。'"意思就是：王衍被族人用"樏子"猛击后，脸上留下了形状奇怪的印记。作为长辈的王衍携晚辈王导共载。王衍之前盥洗过，已经看到了脸上的花纹印记。但是在车中，他一半觉得荒唐，一半觉得有趣，又揽起了镜子，照了起来，端详着"丰"字形泛红的印痕。王衍看到镜中王导斜睨的双眼——王导正在偷看他。于是对王导自嘲到,"你的目光是在牛背上啊"。王导望向车外,会心地笑了。⑤洪秋士:即洪嘉植,字去芜,号秋士,安徽歙县人。尝作《朱子年谱》。《虞初新志》卷八收录其《耕云子传》,《四库禁毁书丛刊》目录有他所著《人荫堂集》钞本。

**【译文】**黄九烟先生说:"古往今来,每个人都有可与之比肩者,自古以来从来没有能够与之比肩者,大概只有盘古一人了!"而我认为盘古也未必没有与之比肩者,只不过我们这些人见不到罢了。那么与之比肩者是谁呢?就是在此次浩劫后最后剩下的那个人罢了。

# 020. 读书三余

古人以冬为三余①,予谓当以夏为三余。晨起者,夜之余;夜坐者,昼之余;午睡者,应酬人事之余。古人诗云"我爱夏日长",洵②不诬③也。

张竹坡曰:眼前问冬夏皆有余者,能几人乎?

张迂庵曰:此当是先生辛未年④以前语。

**【注释】**①古人:此处指三国时代魏国的董遇。据《魏略》载,董遇是研究《老子》《左传》等的专家,当时有人向他求学,他让对方"必当先读百遍"，"书读百遍而义自见"。三余：求学的人说苦于时间不够，董遇让他们利用"三余"的时间，就是"冬者岁之余，夜者日之余，阴雨者时之余"。后来以"三余"泛指空闲时间。②洵：真正，确实。③诬：欺骗，说谎。④辛未年：指康熙三十年（1691年），此年张潮以岁贡生授翰林院孔目，此前并未出仕。

**【译文】**古人把冬天称为三余，我说应当把夏天称为三余。早上起来是夜晚的余暇，夜晚座谈是白天的余暇，午睡时间是应酬之后的余暇。可见古人说"我爱夏日长"，的确是真的。

# 021. 幸与不幸

庄周梦为蝴蝶①，庄周之幸也；蝴蝶梦为庄周，蝴蝶之不幸也。

黄九烟曰：惟庄周乃能梦为蝴蝶，惟蝴蝶能梦为庄周耳。若世之扰扰②红尘者，其能有此等梦乎！

孙恺似曰：君于梦之中，又占其梦耶！

江含徵曰：周之喜梦为蝴蝶者，以其入花深也。若梦甫酣而乍醒，则又如嗜酒者梦赴席，而为妻惊醒，不得不痛加诟谇矣。

张竹坡曰：我何不幸而为蝴蝶之梦者！

【注释】①庄周梦为蝴蝶：与下文的"蝴蝶梦为庄周"都见于《庄子·齐物论》的一则寓言："昔者庄周梦为蝴蝶，栩栩然蝴蝶也，自喻适志与！不知周也。俄然觉，则蘧蘧然周也。不知周之梦为蝴蝶与，蝴蝶之梦为周与？周与蝴蝶，则必有分矣。此之谓物化。"②扰扰：形容纷乱的样子。

【译文】庄周在梦中变成了蝴蝶，这是庄周的幸运；而蝴蝶在梦中变成了庄周，却是蝴蝶的悲哀。

# 022. 与自然相邀

艺花①可以邀蝶，累石可以邀云②，栽松可以邀风，贮水可以邀萍，筑台可以邀月③，种蕉可以邀雨④，植柳可以邀蝉。

曹秋岳曰：藏书可以邀友。

崔莲峰⑤曰：酿酒可以邀我。

尤艮斋⑥曰：安得此贤主人？

尤慧珠曰：贤主人非心斋而谁乎？

倪永清⑦曰：选诗可以邀谤。

陆云士曰：积德可以邀天，力耕可以邀地，乃无意相邀而若邀之者，与邀名邀利者迥异。

庞天池⑧曰：不仁可以邀富。

**【注释】**①艺花：栽种花草。艺，种植。②累石：把石头堆叠成假山。邀云：古人认为云与山石关系密切，云从山中深穴中来，又回到石穴中休憩，所以山崖石穴被称为云根，云根处的矿石被称为云母、云英等。③筑台可以邀月：古时修筑露天平台，视野开阔，用于赏月，叫作月台。④种蕉可以邀雨：芭蕉叶子大，同荷叶一样，雨点滴在上面发出很响的声音，在古典文学中象征的是凄清、孤寂、伤情。⑤崔莲峰：即崔华，字莲峰，号不凋，直隶平山人。儿子是崔如岳，父子都参与点评《幽梦影》。⑥尤艮斋：即尤侗。⑦倪永清：法名超定，松江（今属上海）人，以诗名世。《五灯全书》有载，称之为"松江倪超定永清居士"。⑧庞天池：即庞笔奴。

**【译文】**栽种花草可以邀来蝴蝶翩跹，堆垒石山可以邀来云气萦绕，栽植松树可以邀来清风徐徐，贮存池水可以邀来萍藻点点，垒筑高台可以邀来月色满庭，种植芭蕉可以邀来雨滴鸣奏，栽种柳树可以邀来夏蝉长鸣。

# 023. 景、境、声

景有言之极幽而实萧索者，烟雨也；境有言之极雅①而实难堪者，贫病也；声有言之极韵而实粗鄙者，卖花声也。

谢海翁②曰：物有言之极俗而实可爱者，阿堵物也。

张竹坡曰：我幸得极雅之境。

【注释】①言之极雅：清贫衰病则没有富贵污浊、应酬奉迎一类事情，显得志行高洁、环境清雅。②谢海翁：即谢开宠，字晋侯，号海翁，安徽寿州（今安徽寿县）人。顺治九年进士。身洁爱民，案无留牒。后辞官归乡，病卒。著有《元宝公案》。

【译文】有的风景说起来很幽雅而实际上却萧条冷清，例如烟雨满城；有的境遇说出来很风雅而实际上却难以忍受，例如贫病交迫；有的言语听起来很有韵味而内容上却很粗俗鄙陋，例如卖花叫卖。

# 024. 福慧双修

才子而富贵，定从福慧双修得来①。

冒青若曰：才子福贵难兼。若能运用富贵，才是才子，才是福慧双修。世岂无才子而富贵者乎？徒自贪着，无济于人，仍是有福无慧。

陈崔山②曰：释氏③云："修福不修慧，象身挂璎珞④；修慧不修福，罗汉⑤供应薄。"正以其难兼耳。山翁发为此论，直是夫子自道。

江含徵曰：宁可拼一副菜园肚皮⑥，不可有一副酒肉面孔。

【注释】①福慧双修：指福德和智能都达到至善之境。《大无量寿经》载，阿弥陀佛为法藏菩萨时，曾发下四十八愿，其一就是"福智双修愿"。菩萨为成就佛果，必须上求菩提（智业），下化众生（福业），具备福、智二行，是成佛最胜之实践，称为二种胜行。②陈崔（hè）山：即陈翼，字鹤山，长洲（今江苏苏州）人。少年丧父，成年后，以塾师为业。孔尚任至扬州为官，欣赏其文，将之收入幕府。陈翼听了孔尚任的格致之理，读了他的著作，遂从师于孔。两人相处三年，曾为孔校订《湖海集》。有《草堂集》。③释氏：指佛。佛姓释迦氏，简称释氏。④璎珞：用珠玉穿成的项链。⑤罗汉：佛教用语，阿罗汉的简称，梵音译。一般指释迦佛的弟子。⑥菜园肚皮：满腹粥菜，即生活清贫。出自隋侯白《启颜录》："有人常食菜蔬，忽食羊，梦五藏神曰：'羊踏破菜园。'"

【译文】有才气而既富且贵，一定是福德和慧种两方面都修炼到了至善之境。

# 025. 新月与缺月

新月①恨其易沉，缺月②恨其迟上。

孔东塘③曰：我唯以月之迟早为睡之迟早耳。

孙松坪曰：第④勿使浮云点缀，尘滓⑤太清⑥，足矣。

冒青若曰：天道⑦忌盈，沉与迟，请君勿恨。

张竹坡曰：易沉、迟上，可以卜君子之进退。

【注释】①新月：农历每月初出的弯月，这时是上弦月，出来得早，落得也早。②缺月：残缺不圆的月亮，这里是指农历每月月末的残月，这时是下弦月，出来得晚，落得也晚。③孔东塘：即孔尚任，字聘之，一字季重，号东塘，又号岸堂主人，自称云亭山人。孔子第六十四代孙，曲阜（今属山东）人，清初著名诗人、戏曲作家。博学工诗文，通音律。交友广泛，"生平知己，半在维扬"。一生共编撰传奇两部，一是与顾彩合撰的《小忽雷》，一即《桃花扇》。另有大量诗文作品。④第：但，只要。⑤尘滓：细小的尘灰渣滓，此处有污染、弄脏之意。⑥太清：天空。⑦天道：自然规律。"浮云点缀、尘滓太清"出自《世说新语·言语》："司马太傅（司马道子）斋中夜坐，于时天月明净，都无纤翳，太傅叹以为佳。谢景重（谢重）在座，答曰：'意谓乃不如微云点缀。'太傅因戏谢曰：'卿居心不净，乃复强欲滓秽太清邪？'"

【译文】遗憾新月沉下去得太快，惋惜残月升上来得太迟。

# 026. 躬耕与灌园

躬耕①吾所不能，学灌园②而已矣；樵薪③吾所不能，学薙草④而已矣。

汪扶晨⑤曰：不为老农，而为老圃，可云半个樊迟⑥。

释菌人⑦曰：以灌园薙草自任、自待，可谓不薄。然笔端隐隐有非其种者, 锄而去之之意。

王司直曰: 予自名为识字农夫, 得毋妄甚!

【注释】①躬耕: 亲自耕种。②灌园: 在田园里从事劳动, 多用于官员文士退隐家居。这里主要是指浇灌园圃、养花种菜一类较轻的活儿, 区别于"躬耕"。③樵薪: 采薪。④薙 (tì) 草: 薙, 同"剃"。除草。⑤汪扶晨: 即汪士鈜, 原名征远, 字扶晨, 号栗亭, 又字文升, 号退谷, 江南歙县 (在今安徽) 人, 著有《长安宫殿考》《栗亭诗集》等。⑥樊迟: 孔子的学生, 姓樊, 名须, 字子迟。其重农重稼思想在历史上具有进步意义, 唐赠"樊伯", 宋封"益都侯", 明称"先贤樊子"。⑦释菌人: 即释中洲, 僧人海岳。

【译文】做不到亲自耕种, 但学学种菜灌园还是可以的; 做不到上山砍柴, 但学学拔草除虫还是可以的。

# 027. 人生十恨

一恨书囊易蛀。二恨夏夜有蚊, 三恨月台易漏①, 四恨菊叶多焦, 五恨松多大蚁, 六恨竹多落叶, 七恨桂荷易谢, 八恨薜萝②藏虺③, 九恨架花④生刺。十恨河豚⑤多毒。

江菂庵曰: 黄山松并无大蚁, 可以不恨。

张竹坡曰: 安得诸恨物尽有黄山乎!

石天外曰: 予另有二恨: 一曰才人无行, 二曰佳人薄命。

**【注释】**①漏: 古时计时器, 此处做动词用, 比喻时间过得快。②薜萝: 薜荔和女萝的合称。薜荔, 又叫木莲, 是常绿藤本植物, 女萝是地衣类植物, 常攀缘于树木或屋壁之上, 古代常常连用。③虺(huǐ): 古书上说的一种毒蛇, 泛指蛇类。④架花: 有些花需要搭架子来支撑, 称为架花, 如荼蘼、蔷薇等。⑤河豚: 鱼名, 古称鲀、鲐、鲑等。河豚味道鲜美, 但肝脏、生殖腺及血液里含有毒素, 食用时处理不慎易中毒致死。

**【译文】**平生一恨藏书被虫蛀蚀, 二恨夏夜蚊虫成阵, 三恨赏月时间太短, 四恨菊花叶子枯萎, 五恨松树蚂蚁太多, 六恨竹子落叶无数, 七恨桂花、荷花凋谢, 八恨薜荔、女萝藏蛇, 九恨架花多刺扎手, 十恨河豚肉鲜有毒。

# 028. 观赏的角度

楼上看山, 城头看雪, 灯前看月, 舟中看霞, 月下看美人, 另是一番情境。

江允凝①曰: 黄山看云, 更佳。

倪永清曰: 做官时看进士, 分金处看文人。

毕右万②曰：予每于雨后看柳，觉尘襟俱涤。

尤谨庸曰：山上看雪，雪中看花，花下看美人，亦可。

【注释】①江允凝：即江注，字允凝，一字允冰，号若米舫，安徽歙县人。著名画家僧浙江弘仁（江韬）之侄，得其叔弘仁指授，能诗画，属新安画派，擅山水、人物、松石等。隐于黄山，传世作品有《黄山图》《著色山水人物图》《小青绿山水图》等。著有《允凝诗草》。②毕右万：即毕三复，字右万，安徽歙县人，著有《枞亭近稿》。

【译文】从高楼上看远山，从城头上观雪景，在烛灯前赏明月，在扁舟中看晚霞，在月色下看美人，另是一种情境。

# 029. 摄召魂梦之物

山之光，水之声，月之色，花之香，文人之韵致，美人之姿态，皆无可名状，无可执著①，真足以摄召魂梦，颠倒情思。

吴街南②曰：以极有韵致之文人，与极有姿态之美人，共坐于山水花月间，不知此时魂梦何如？情思何如？

【注释】①执著：即"执着"。佛家用语，指固执于世情，无法超脱，后泛指拘泥或固执。这里是掌握、看得见摸得着的意思。②吴街南：即吴肃公，字雨若，号晴岩，一号逸鸿，别号街南，明末清初安徽宣城人，江南遗民中重要的学者、史学家、文学家，虽多病体弱，但勤奋著述，一生著作甚富，多实录易代之际忠烈仁义之事。撰有《诗问》《读礼问》《姑山事录》《明语林》《街南文集》《续集》等。

【译文】山光、水声、月色、花香，文人的风采神韵，美人的袅娜多姿，都无法用语言描述，说不出捉不住，真是令人魂牵梦绕，使人神魂颠倒。

# 030. 假使梦能自主

假使梦能自主。虽千里无难命驾①，可不羡长房②之缩地；死者可以晤对，可不需少君③之招魂；五岳可以卧游④，可不俟婚嫁之尽毕⑤。

黄九烟曰：予尝谓鬼有时胜于人，正以其能自主耳。

江含徵曰：吾恐"上穷碧落下黄泉，两地茫茫皆不见"⑥也。

张竹坡曰：梦魂能自主，则可一生死，通人鬼，真见道之言也。

【注释】①命驾：命人驾车马，也指乘车出发。②长房：即费长房，东汉时有名的术士，汝南人，传说费长房曾为市掾，后来碰上仙人壶公，跟着学了一些法术，"遂能医疗众病，鞭笞百鬼及驱使社公"。他最奇妙的神术是缩地术，"能缩地脉，千里存在目前宛然，放之复舒如旧也"。③少君：即李少君，西汉道士。擅招魂之术。传说汉武帝所宠幸的李夫人亡故，帝思念不已，李少君便在夜里利用方术为她招魂，让武帝隔着帐子看，果然看见了李夫人的身影。④卧游：指欣赏山水画、游记、图片等代替游览，这里指睡梦中游玩。典出《宋书·宗炳传》：宗炳善弹琴、工书画，隐居不仕，喜游山水，后来因病还江陵，把所游历过的山水都画下来挂在屋里，叹息说："老病俱至，名山恐难遍睹，唯当澄怀观道，卧以游之。"⑤可不俟（sì）婚嫁之尽毕：俟，等待。《后汉书·逸民列传·向长》记载："东汉隐士向长（字子平），等到子女婚嫁已毕，遂不问家事，出游名山大川，不知所终。"⑥"上穷碧落下黄泉"句：出自白居易《长恨歌》。

【译文】如果做梦能够自己做主的话，那么即使千里之遥也可乘车到达，不必羡慕费长房的缩地成寸；如果做梦可以与死者会晤交谈，那么就不需要李少君的招魂之术；如果做梦可以遨游三山五岳，那么何必要发出尚平之叹呢。

# 031. 不幸与缺陷

昭君以和亲而显①，刘蕡以下第而传②，可谓之不幸。不可谓之缺陷。

江含徵曰：若故折黄雀腿，而后医之，亦不可。

尤悔庵曰：不然，一老官人、一低进士③耳。

**【注释】**①显：显扬，扬名。②刘蕡（fén）：字去华，唐代幽州昌平（今属北京）人。他在唐文宗太和一年在科举考试中痛斥宦官祸国，主张除掉宦官。考官因畏惧宦官的权势而不敢取录他。下第：参加科举考试不中，也叫"落第"、"不第"。传：名声传扬。③低进士：指身份地位低下的进士。

**【译文】**王昭君因出塞和亲而流芳千古，刘蕡因直言落第而扬名后世，可说是他们的时运不济，但不能说是他们本身不完美。

# 032. 爱花与爱美人

以爱花之心爱美人，则领略自饶别趣；以爱美人之心爱花，则护惜倍有深情。

冒辟疆①曰：能如此，方是真领略、真护惜也。

张竹坡曰：花与美人，何幸遇此东君②！

**【注释】**①冒辟疆：即冒襄，字辟疆，号巢民，又号朴巢，晚年自号醉茶老人。南直隶扬州府泰州如皋（在今江苏）人。清入关后隐居不仕，屡拒清廷征召。常往来扬州，与文友诗酒流连。擅古文、诗、词，工书法。著有《巢民诗集》《巢民文集》《影梅庵忆语》等，后者记他与董小宛的情事，流传甚广。另辑有《同人集》。②东君：春神。唐代成彦雄《柳枝词》之三："东君爱惜与先春，草泽无人处也新。"这里是对张潮的一个比喻。

【译文】用爱花之心去爱惜美人，那么欣赏美人时自然别有情趣；用爱美人之心去爱惜花朵，那么护花惜花的情感就会倍加浓郁。

# 033. 解语与生香

美人之胜于花者，解语①也；花之胜于美人者，生香也。二者不可得兼，舍生香而取解语者也。

王勿翦②曰：飞燕③吹气若兰，合德④体自生香，薛瑶英⑤肌肉皆香。则美人又何尝不生香也！

【注释】①解语：善解人意，是用唐明皇评论杨贵妃的典故。五代王仁裕《开元天宝遗事·解语花》："明皇秋八月，太液池有千叶白莲数枝盛开，帝与贵戚宴赏焉。左右皆叹羡久之，帝指贵妃示于左右曰：'争如我解语花耶？'"解语花是称赞杨贵妃不但貌美如花，而且聪明巧慧、善解人意。后来多用解语花来比喻美女。②王勿翦：即王棠，字勿翦，安徽歙县人。著有《燕在阁文集》《燕在阁知新录》等。③飞燕：指汉成帝皇后赵飞燕，本为阳阿公主家的歌女，号飞燕。后被成帝召入宫，大受宠幸，立为皇后。④合德：是赵飞燕之妹的名字。与姐姐同侍皇帝，宠冠后宫，封为昭仪。据《飞燕外传》载，飞燕"浴五蕴七香汤，踞通香沉水坐,燎降神百蕴香",而合德则只"浴豆蔻汤,傅露华百英粉"。成帝私下对人说:"后虽有异香,不若婕好(指赵合德)体自香也。"⑤薛瑶英:唐宰相元载的宠妾,据唐苏鹗《杜阳杂编》记载,薛瑶英"仙姿玉质,肌香体轻",因其母"生瑶英,而幼以香啖之,故肌香也"。

**【译文】**美人胜于鲜花的地方在于善解人意,鲜花胜于美人的地方在于散发芳香。既然二者不能同时拥有,那我宁愿舍弃能散发芳香的香花而选择善解人意的美人。

# 034. 窗外观字

窗内人于窗纸上作字,吾于窗外观之,极佳。

江含徵曰:若索①债人于窗外纸上画,吾且望之却走②矣。

**【注释】**①索:讨取,要。②却走:退走,退避。

**【译文】**窗里的人在纸窗上写字,我在窗外驻足观看,感觉特别惬意而别有韵味。

# 035. 阅历与读书

少年读书，如隙中窥月[①]；中年读书，如庭中望月[②]；老年读书，如台上玩月[③]。皆以阅历之浅深，为所得之浅深耳。

黄交三曰：真能知读书痛痒者也。

张竹坡曰：吾叔此论，直置身广寒宫[④]里，下视大千世界[⑤]，皆清光似水矣。

毕右万曰：吾以为学道亦有浅深之别。

**【注释】**①隙中窥月：从窗缝中窥月，比喻读书仅窥见一斑，并未见到全貌，并不真正了解。②庭中望月：站在院中望月，比喻读书已能整体把握，得其全貌，但立足点还不够高。③台上玩月：在高大宽敞的月台上赏月，比喻学识阅历丰富，读书时已能做到取舍自如，尽得其精华。④广寒宫：月宫。⑤大千世界：泛指整个人间社会。佛教用语，为"三千大千世界"的简称。以须弥山为中心，以铁围山为外郭，是一小世界。一千个小世界合起来就是小千世界，一千个小千世界合起来就是中千世界，一千个中千世界合起来就是大千世界。

**【译文】**少年人读书好比从缝隙中窥视月亮，中年人读书好比在庭院中仰望月亮，老年人读书则像在高台上赏玩月亮。都是由于生活阅历的不同，因而从读书中获得的心得也不同。

# 036. 致书雨师

　　吾欲致书雨师①：春雨宜始于上元节后（观灯已毕），至清明②十日前之内（雨止桃开），及谷雨③节中；夏雨宜于每月上弦④之前，及下弦⑤之后（免碍于月）；秋雨宜于孟秋⑥、季秋⑦之上、下二旬（八月为玩月胜境）；至若三冬⑧，正可不必雨也。

　　孔东塘曰：君若果有此牍，吾愿作致书邮⑨也。

　　余生生⑩曰：使天而雨粟，虽自元旦雨至除夕，亦未为不可。

　　张竹坡曰：此书独不可致于巫山雨师⑪。

　　【注释】①雨师：神话传说中掌管降雨的神。②清明：二十四节气之一，农历二月二十三。③谷雨：二十四节气之一，农历三月初九。④上弦：上弦月，指农历每月初七或初八的月相，因月相如弓而得名。⑤下弦：下弦月，指农历每月二十二或二十三日的月相。⑥孟秋：秋季的第一个月，农历七月。⑦季秋：秋天的最后一个月，农历九月。⑧三冬：指农历冬天的三个月。⑨致书邮：送信人。语出《世说新语·任诞》："殷洪乔（殷羡）作豫章郡，临去，都下人因附百许函书。既至石头，悉掷水中，因祝曰：'沉者自沉，浮者自浮，殷洪乔不能作致书邮。'"⑩余生生：即余赭（běn），字生生，号钝庵，四川青神人。"好为古诗，有汉、魏风骨"。有《增益轩诗草》。⑪巫山雨师：指巫山神女。相传楚怀王梦与巫山神女相会。神女辞别时说："妾在巫山之阳，高丘之阻。旦为朝云，暮为行雨。朝朝暮暮，阳台之下。"后称男女幽会为巫山云雨，高唐、阳台，皆本此。

【译文】我想写信给雨神：春雨最好从元宵节之后开始下（这时观灯已结束了），一直到清明前十天为止（雨停了桃花即可开放），还有在谷雨其间下雨；夏雨最好在每月初七之前和二十三日之后下（以免妨碍赏月）；秋雨最好在农历七月、九月的上旬和下旬（八月是赏月的最佳月份）。至于整个冬季，就不必下雨了。

# 037. 浊富不若清贫

为浊富①不若为清贫，以忧生不若以乐死。

李圣许曰：顺理而生，虽忧不忧；逆理而死，虽乐不乐。

吴野人②曰：我宁愿为浊富。

张竹坡曰：我愿太奢，欲为清富，焉能遂愿！

【注释】①浊富：为富不仁，贪婪而卑鄙。②吴野人：即吴嘉纪，字宾贤，号野人、陋轩，泰州东淘（今江苏东台）人，以"盐场今乐府"诗闻名于世。入清不仕,不交达官贵人,隐居家乡,与一些富有民族气节的人士交往。家贫,靠教书及友人接济维持生计。自题居室为陋轩,苦吟不辍,著有《陋轩集》。其诗多反映民生疾苦,语言简朴,风格幽峭苍劲,晚年因王士禛等人推崇,诗名大振,四方名士争与之唱和。

**【译文】**与其当个卑劣肮脏的富人,那我宁愿做个清操自守的穷人,整天忧心忡忡地苟且活着,还不如乐观放达地死去。

# 038. 说鬼

天下唯鬼最富,生前囊<sup>①</sup>无一文,死后每饶楮镪<sup>②</sup>;天下唯鬼最尊,生前或受欺凌,死后必多跪拜。

吴野人曰:世于贫士辄目为穷鬼,则又何也?

陈康畴<sup>③</sup>曰:穷鬼若死,即并称尊矣。

**【注释】**①囊:口袋。②楮(chǔ)镪(qiǎng):即纸钱,也叫冥钱。是祭祀时焚化给死者在阴间使用的钱。楮,树名,皮可以制纸,后来就用来代指纸。镪,成串的钱,明清时多指银子或银锭。③陈康畴:即陈均,字康畴,安徽歙县人。著有《画眉笔谈》,记豢养画眉鸟之事。

**【译文】**天下只有鬼最富有,虽然生前口袋里不名一文,死后却往往有大量的纸钱;天下只有鬼最尊贵,就算生前受尽欺凌,死后也一定能得到许多人的跪拜。

# 039. 蝶与花

蝶为才子之化身①，花乃美人之别号。

张竹坡曰：蝶入花房香满衣，是反以金屋贮才子②矣。

【注释】①蝶为才子之化身：这里用《庄子·齐物论》中"庄周梦蝶"的典故。②金屋贮才子：出自东汉班固《汉武故事》："汉武帝刘彻封胶东王时表示：'若得阿娇作妇，当作金屋贮之也。'"这里是戏用了"金屋藏娇"的典故。

【译文】翩然起舞的蝴蝶是潇洒儒雅的才子的化身，馥郁芬芳的花朵是婀娜多姿的美人的别号。

# 040. 联想

因雪想高士，因花想美人，因酒想侠客，因月想好友。因山水想得意诗文。

弟木山曰：余每见人一长一技，即思效之，虽至琐屑<sup>①</sup>，亦不厌也。大约是爱博而情不专。

张竹坡曰：多情话，令人泣下。

尤谨庸曰：因得意诗文，想心斋矣。

李季子<sup>②</sup>曰：此善于设想者。

陆云士曰：临川谓'想内成，因中见'<sup>③</sup>，与此相发。


【注释】①琐屑：指细小、琐碎的事情。②李季子：即李若金。③临川：即汤显祖，字义仍，号若士，江西临川（今江西抚州）人，明代杰出戏曲家。代表作有合称"临川四梦"或"玉茗堂四梦"的《紫钗记》《还魂记》（即《牡丹亭》）、《南柯记》《邯郸记》等戏曲作品。"想内成，因中见"是《牡丹亭·惊梦》【鲍老催】中的唱词，原文作"这是景上缘，想内成，因中见"。"想"、"因"出自《世说新语·文学》卫玠问乐广为何会做梦，乐广回答梦缘于想（心有所想）、因（事有沿袭）。

【译文】看到洁白的雪花而想到避世的高人，看到美丽的花朵而想到娇媚的美人，看到醇香的美酒而想到豪爽的侠客，看到皎洁的圆月而想到的情深的好友，看到瑰丽的山水而想到得意的诗文。

# 041. 声音的联想

闻鹅声如在白门<sup>①</sup>，闻橹声如在三吴<sup>②</sup>，闻滩声如在浙江<sup>③</sup>，闻羸马项下铃铎<sup>④</sup>声，如在长安<sup>⑤</sup>道上。

聂晋人<sup>⑥</sup>曰：南无观世音菩萨摩诃萨<sup>⑦</sup>。

倪永清曰：众音寂灭<sup>⑧</sup>时，又作么生话会<sup>⑨</sup>？

【注释】①白门：指金陵（即现在的南京）。据说南京鹅比较多。②三吴：江南吴兴、苏州一带。这里多水，出行多划船。③浙江：浙江钱塘潮极负盛名。④羸（léi）：瘦弱。铃铎：泛指铃铛，铎是大铃。⑤长安：古都，骡马是这里的主要交通工具，驿路上车马很多。⑥聂晋人：即聂先，字晋人，号乐读居士，庐陵（今江西吉安）人。精佛学，编撰《续指月录》，是了解禅宗人物和禅宗发展史的重要参考书。⑦摩诃萨：佛教用语。应为"摩诃萨陀"的梵文音译，意译即"上求菩提（觉悟），下化有情众生"的人。⑧寂灭：佛教用语。"涅槃"的意译，本意指超脱生死的理想境界，这里是消灭、消逝之意。⑨又作么生话会：佛教禅宗口语，意为：还搞什么念佛诵经？南宋普济《五灯会元·卷第十二·南岳下十五世·瑞岩如胜禅师》："人人领略释迦，个个平欺达磨，及乎问著宗纲，束手尽云放过。放过即不无，只如女子出定，赵州洗钵盂，又作么生话会？

鹤有九皋难翥翼，马无千里谩追风。"。

【译文】听见鹅叫声好像置身于南京城中，听到摇橹声就好像到了三吴水乡，听到水击滩石声就好像到了浙江钱塘，听到瘦马脖子上的铃铛声就好像置身于长安古道上。

# 042. 给节日排序

一岁诸节，以上元为第一，中秋次之，五日、九日<sup>①</sup>又次之。

张竹坡曰：一岁当以我畅意日为佳节。

顾天石曰：跻上元于中秋之上，未免尚耽绮习<sup>②</sup>。

【注释】①五日：即五月初五端午节。九日：即九月初九重阳节。②耽：沉溺，着迷于。绮习：浮艳的风习。

【译文】一年之中的各种节日，我认为元宵节最好，中秋节排第二，端午节、重阳节排第三和第四。

# 043. 雨之能

雨之为物，能令昼短，能令夜长。

张竹坡曰：雨之为物，能令天闭眼，能令地生毛，能为水国广封疆①。

【注释】①封疆：分封土地的疆界，分封的疆界。

【译文】雨这个东西吧，能让天亮的时间变短，也能使天黑的时间变长。

# 044. 古之不传于今者

古之不传于今者，啸①也，剑术也，弹棋②也，打毬③也。

黄九烟曰：古之绝胜于今者，官妓、女道士也④。

张竹坡曰：今之绝胜于古者，能吏也，猾棍⑤也，无耻也。

庞天池曰：今之必不能传于后者，八股也。

【注释】①啸：长啸，噘口发出悠长而清越的声音，是古人的一种修炼方法。②弹棋：古代的一种棋类游戏，相传汉武帝好蹴鞠，群臣谏劝，东方朔以弹棋进之，武帝便舍蹴鞠而尚弹棋；另一说西汉成帝时刘向仿蹴鞠形制而作。《艺经》："弹棋，两人对局，白黑棋各六枚，先列棋相当，更先弹之。其局以石为之。"魏时改用十六枚棋，唐又增为二十四枚棋，宋代以后，因象棋盛行而渐趋衰落。③打毬：是古代的体育运动。又称击毬，击毬运动者是骑在马上，挥杖而打的，并且分成两朋（队），设立两门、两孟（网），以球子打入对手的孟为胜。这种打毬，已具马球的性质。④官妓：古代供奉官员的妓女。官妓制度主要盛行于唐宋时，当时官场应酬会宴，可由官妓侍候。明代官妓隶属教坊司，不再侍候官吏。清初废官妓制。女道士：唐时称女冠，由官方给田，其身份有时类似于官妓。⑤猾棍：奸猾的恶人。

【译文】古时盛行而未能流传到现在的技艺有：长啸、剑术、弹棋、打毬。

# 045. 道士能诗者少

诗僧时复有之，若道士之能诗者，不啻空谷足音①，何也？

毕右万曰：僧道能诗，亦非难事。但惜僧道不知禅元②耳。

顾天石曰：道于三教③中，原属第三，应是根器④最钝人做，那得会诗？轩辕弥明⑤，昌黎⑥寓言耳。

尤谨庸曰：僧家势利第一，能诗次之。

倪永清曰：我所恨者，辟谷之法⑦不传。

【注释】①空谷足音：出自《诗经·小雅·白驹》："皎皎白驹，在彼空谷。"《庄子·徐无鬼》："闻人足音跫然而喜也。"比喻十分难得，极为可贵。②元：即道教教义之"玄"。此是避康熙帝名讳而改。玄，是道教的一个重要教义，认为是宇宙万物的本原。③三教：指儒、道、释三教。④根器：佛教用语，指人的禀赋、气质。⑤轩辕弥明：唐代衡山道士，据传住在衡湘间九十余年。滑稽多智，善诗，宪宗元和七年（812）入长安，与刘师复、侯喜作《石鼎联句》诗，造句奇警。⑥昌黎：即韩愈。⑦辟谷之法：古称行导引之术，不吃五谷，可以长生。道家方士乃附会为修炼成仙之法。

【译文】有诗才的和尚在各个朝代都有出现，但能做诗的道士却怎么那么稀有啊，这是为什么呢？

# 046. 当为萱草，毋为杜鹃

当为花中之萱草①，毋为鸟中之杜鹃②。

袁翔甫补评曰③：萱草忘忧，杜鹃啼血。悲欢哀乐何去何从。

【注释】①萱草：又名忘忧草，据说服食可以使人忘忧。三国魏嵇康《养生论》中说："合欢蠲忿，萱草忘忧，愚智所共知也。"②杜鹃：鸟名，又名杜宇、子规、鹈鹕等。相传古蜀王杜宇，号望帝。当年，杜宇立国，以鳖灵为宰相。自己出外征伐，便让鳖灵监国。回来的时候，没想到鳖灵不仅把国家据为己有，还把王后也霸占了。杜宇一怒之下便离开国家，进入山林之中，怨恨不已。死后魂魄化为杜鹃鸟，鸣声凄切，仿佛在劝人归家。③袁翔甫：清代诗人，从事主持过早期上海的新闻工作，是大诗人袁枚的孙子。此则评语据《啸园丛书》本补。

【译文】作花就应当作萱草，作鸟毋为杜鹃。

# 047. 稚驴可厌

物之稚者，皆不可厌，惟驴独否。

黄略似①曰：物之老者，皆可厌，惟松与梅则否。

倪永清曰：惟癖于驴者，则不厌之。

【注释】①黄略似：即黄周星。

【译文】稚嫩幼小的动物都十分招人怜爱，只有幼驴让人讨厌。

# 048.耳闻不如目见

女子自十四五岁至二十四五岁，此十年中，无论燕秦吴越<sup>①</sup>，其音大都娇媚动人。一睹其貌，则美恶判然<sup>②</sup>矣。耳闻不如目见，于此益信。

吴听翁<sup>③</sup>曰：我向以耳根之有余，补目力之不足；今读此，乃知卿言亦复佳也。

江含徵曰：帘为妓衣<sup>④</sup>，亦殊有见。

张竹坡曰：家有少年丑婢者，当令隔屏私语，灭烛侍寝，何如？

倪永清曰：若逢美貌而恶声者，又当何如？

【注释】①燕秦吴越：都是古国名。燕即今河北北部和辽宁南部一带。秦即今陕西中部和甘肃东部一带。吴即今江浙一带。越即今江苏、浙江一带。②判然：形容差别特别分明。③吴听翁：即吴绮。④帘为妓衣：《梁书·夏侯直传》："（亶）晚年颇好音乐，有妓妾十数人，并无被服姿容。每有客，常隔帘奏之，时谓帘为夏侯妓衣也。"后来即以"妓衣"为帘的异称。

【译文】女子自十四五岁到二十四五岁的十年中，无论是燕、秦、吴、越哪个地方的人，她们的声音大多都娇媚动人。但只要一看见她们的容貌，美丑的差别就很容易辨别出来了。"耳闻不如目见"，由此看来我更加深信不疑了。

# 049.学仙与学佛

寻乐境乃学仙，避苦趣①乃学佛。佛家所谓极乐世界②者，盖谓众苦之所不到也。

江含徵曰：着败絮行荆棘中③，固是苦事；彼披忍辱铠④者，亦未得优游自到⑤也。

陆云士曰：空⑥诸所有，受即是空。其为苦乐，不足言矣。故学佛优于学仙。

【注释】①苦趣：趣，同"趋"。佛教中所说的地狱、饿鬼、畜生三种恶道，是六道轮回中受苦的地方。也泛指受痛苦。②极乐世界：佛教用语，音译为"须摩提"，佛教指阿弥陀佛居住的国土，认为那里可以获得光明、清净、快乐，摆脱人间烦恼的西方乐土。《阿弥陀经》载："从是西方，过十万亿佛土，有世界名曰极乐。……其国众生，无有众苦，但受诸乐，故名极乐。"③着败絮行荆棘中：穿着破棉衣行走在荆棘中，指辛苦沉重、牵绊众多的世俗生活。明袁宏道《孤山》："孤山处士，妻梅子鹤，是世间第一种便宜人。我辈只为有了妻子，便惹许多闲事，撇之不得，傍之可厌，如衣败絮行荆棘中，步步牵挂。"④忍辱铠：佛教用语，袈裟的别称，谓忍辱能防一切外难，故以铠甲为喻。《法华经·持品》："我等敬信佛，当着忍辱铠。"⑤优游自到：悠游自得，无拘无束。⑥空：佛教用语，谓万物从因缘生，没有固定，虚幻不实。《维摩经，入不二法门品》："色即是空，非色灭空，色性自空。"

【译文】要寻找快乐的境界，就去学习道家仙术；要脱离痛苦和烦恼，就去学习佛法。佛教所说的极乐世界，讲的就是一个没有苦难烦恼的净土。

# 050. 富贵与贫贱

富贵而劳悴，不若安闲之贫贱；贫贱而骄傲①，不若谦恭之富贵。

曹实庵②曰：富贵而又安闲，自能谦恭也。

许师六③曰：富贵而又谦恭，乃能安闲耳。

张竹坡曰：谦恭安闲，乃能长富贵也。

张迂庵曰：安闲乃能骄傲，劳悴则必谦恭。

【注释】①贫贱而骄傲：《史记·魏世家》记载"贫贱者骄人"，指对权势富贵轻蔑鄙视。这里把"骄"理解为骄傲，带有贬义。②曹实庵：即曹贞吉，字升阶，又字升六，号实庵，安丘（今属山东）人。清代著名词人。嗜书，工诗文，与嘉善诗人曹尔堪并称为"南北二曹"，词尤有名，被誉为清初词坛上"最为大雅"的词家。有《珂雪集》《珂雪二集》《朝天集》《珂雪词》等。③许师六：即许承家，字师六，号来庵，清江苏扬州人。康熙二十四年进士，官翰林院编修。与其兄许承宣齐名，有《猎微阁诗集》。

【译文】即使大富大贵，但操劳过度，还不如过安闲自在的贫困生活；既然贫困低贱，却骄傲自满，倒不如过谦逊恭敬的富贵生活。

# 051. 耳能自闻其声

目不能自见，鼻不能自嗅，舌不能自舐①，手不能自握，惟耳能自闻其声。

弟木山曰：岂不闻"心不在焉、听而不闻"②乎？兄其诳我哉！

张竹坡曰：心能自信。

释师昂曰：古德③云眉与目不相识，只为太近。

【注释】①舐（shì）：以舌舔物。②心不在焉，听而不闻：《大学》中有"心不在焉，视而不见，听而不闻，食而不知其味"。后以"听而不闻"谓听了与没听见一样，形容不重视或漠不关心。③古德：佛教徒对年高有道的高僧之尊称。《景德传灯录·诸方广语》上载："先贤古德，硕学高人，博达古今，洞明教网。"

【译文】眼睛看不见自己的样子，鼻子嗅不到自己的气味，舌头尝不出自己的味道，手不能自握，只有耳朵能听到自己的声音。

# 052. 听琴远近皆宜

凡声皆宜远听，惟听琴则远近皆宜。

王名友曰：松涛声、瀑布声、箫笛声、潮声、读书声、钟声、梵声[①]，皆宜远听；惟琴声、度曲[②]声、雪声，非至近不能得其离合抑扬之妙。

庞天池曰：凡色皆宜近看，惟山色远近皆宜。

【注释】①梵声：和尚们念经的声音。南朝梁武帝《和太子忏悔》："缭绕闻天乐，周流扬梵声。"②度曲：这里指唱曲。汉张衡《西京赋》："度曲未尽，云起雪飞。"

【译文】所有的声音都适宜在远处倾听，只有琴声不论远听近听都合适。

# 053. 没有文化的苦恼

目不能识字，其闷尤过于盲；手不能执管①，其苦更甚于哑。

陈鹤山曰：君独未知今之不识字、不握管者，其乐尤过于不盲、不哑者也。

【注释】①执管：握笔写字。管，笔杆，代指毛笔。

【译文】长眼睛却不认识文字，这比眼瞎还要苦闷；有手却不会执笔写字，这比哑巴还要痛苦。

# 054. 人间极乐事

并头联句①，交颈②论文，宫中应制③，历使属国④，皆极人间乐事。

狄立人⑤曰：既已并头交颈，即欲联句论文恐亦有所不暇。

汪舟次⑥曰: 历使属国, 殊不易易。

孙松坪曰: 邯郸旧梦⑦, 对此惘然。

张竹坡曰: 并头交颈, 乐事也; 联句论文, 亦乐事也。是以两乐并为一乐者, 则当以两夜并为一夜方妙。然其乐一刻, 胜于一日矣。

沈契掌⑧曰: 恐天亦见妒。

【注释】①联句: 古时作诗的一种方式, 由两人或若干人共同完成一首诗, 每人作一句或两句或数句, 合而成篇。②交颈: 两颈相依。并头、交颈都是比喻男女关系亲密, 这里指夫妇情投意合、情趣高雅, 以谈论诗文为乐。③应制: 古代大臣、士子奉帝王之命, 按一定的题目或要求写成的诗歌, 称为应制诗, 内容多为歌功颂德。④历使: 奉命出使。属国: 附属国, 这里是指边远的国家。⑤狄立人: 即狄亿, 字立人, 号向涛, 清江苏溧阳人, 王士禛门人。有《洮湖渔子集》《菊社约》等。⑥汪舟次: 即汪楫, 字舟次, 别字耻人, 号悔斋, 安徽休宁人, 后迁江都 (今江苏扬州)。诗名早著, 与族人汪懋麟齐名, 称"二汪"。有《悔斋集》《山闻诗》《京华诗》《观海集》《使琉球杂录》等。⑦邯郸旧梦: 即黄粱梦。唐沈既济《枕中记》载: 卢生在邯郸店中昼睡入梦, 历尽富贵繁华。梦醒, 主人饮黄粱尚未熟。后人因以"黄粱一梦"喻富贵之无常。此处指过去经历的事情, 孙松坪曾于康熙十七年 (1678) 以副使身份出使朝鲜。⑧沈契掌: 即沈思伦, 字契掌, 号闲吾子, 安徽池州人。

【译文】与知己并头联句作诗, 与妻子交颈谈论文章, 于宫中奉旨作诗, 奉命出使附属国, 都是世间最快乐的事情。

# 055.为何不姓李

　　《水浒传》武松诘蒋门神云："为何不姓李<sup>①</sup>?"此语殊妙，盖姓实有佳有劣，如华、如柳、如云、如苏、如乔，皆极风韵；若夫毛也、赖也、焦也、牛也，则皆尘于目而棘于耳<sup>②</sup>者也。

　　先渭求<sup>③</sup>曰：然则君为何不姓李耶？

　　张竹坡曰：止闻今张昔李，不闻今李昔张也。

　　【注释】①为何不姓李：《水浒传》第二十九回"施恩重霸孟州道，武松醉打蒋门神"，武松为给施恩夺回快活林，去找蒋门神闹事，故意问："你那主人家姓甚么?"酒保回答："姓蒋。"武松就挑衅地问："却如何不姓李?"②尘于目而棘于耳：好像眼里进了沙尘、耳朵里刺进了荆棘一样难受，意思是以上姓氏既不好看也不好听。③先渭求：即先著，字渭求，又字染庵，号蠲（juān）斋，又号迁夫，四川泸州人，清代书画家。学极博洽，善画花卉、人物，极有法度。书得晋人遗意，工诗词。有《劝影堂词》《息柯杂著》《益州书画录续编》等。

　　【译文】《水浒传》中武松问蒋门神，说："你为什么不姓李?"这话问得很有趣，因为人的姓氏确实有好坏之分，比如姓华、姓柳、姓云、姓苏、姓乔，都特别有韵味；至于姓什么毛啊、赖啊、焦啊、牛啊之类的，既不韵致也不顺耳。

# 056. 论花

　　花之宜于目而复宜于鼻者，梅也，菊也，兰也，水仙也，珠兰①也，莲也；止宜于鼻者，橼②也，桂也，瑞香也，栀子也，茉莉也，木香③也，玫瑰也，腊梅也。余则皆宜于目者也。花与叶俱可观者，秋海棠为最，荷次之，海棠、酴醿④、虞美人、水仙又次之。叶胜于花者，止雁来红⑤、美人蕉而已。花与叶俱不足观者，紫薇也，辛夷⑥也。

　　周星远曰：山老可当花阵⑦一面。

　　张竹坡曰：以一叶而能胜诸花者，此君⑧也。

【注释】①珠兰：又名珍珠兰、金粟兰，常绿灌木，花小，黄色，味芳香。②橼（yuán）：枸（jǔ）橼，也叫香橼，常绿乔木，花、叶、果俱香，其果实俗称佛手柑，味酸。③木香：又名蜜香、云木香、南木香、广木香等，菊科，夏季开暗紫色花。④酴（tú）醿（mí）：也名荼蘼、佛见笑等，蔷薇科，夏初开花，花白色，有香气。因花期较晚，所以古代诗人有"酴醿不争春，寂寞开最晚"、"开到荼蘼花事了"之咏。⑤雁来红：也名后庭花，有黄、绿、紫、红等花色，到秋天颜色更加妍丽，所以也叫"老少年"，可供观赏，也可食用或药用。⑥辛夷：即木兰，叶子倒卵形或卵形，互生, 春季开花, 花大, 外紫内白, 花香浓郁。⑦花阵: 指花木的行列。
⑧此君: 指竹子。

【译文】花木中既好看又好闻的有: 梅花、菊花、兰花、水仙、珠兰、莲花。只适合闻的有: 香橼、桂花、瑞香、栀子、茉莉、木香、玫瑰、蜡梅。其余的就只适合观赏了。花和叶子都值得观赏的, 以秋海棠为最, 荷花次之, 海棠、酴醾、虞美人、水仙又略逊一筹。而叶子比花好看的就只有雁来红、美人蕉而已。至于花和叶都不值得看的当属紫薇和辛夷。

# 057. 山林与市朝

高语山林①者, 辄不喜谈市朝②事。审③若此, 则当并废《史》《汉》④诸书而不读矣。盖诸书所载者, 皆古之市朝也。

张竹坡曰: 高语者, 必是虚声处士⑤; 真入山者, 方能经纶⑥市朝。

【注释】①高语山林: 指高谈阔论隐居山林之类的事情。②市朝: 市是进行买卖交易的地方, 朝是朝廷官府, 这些都是争夺名利的地方。③审: 果真, 确实。④《史》《汉》:《史记》和《汉书》, 泛指史书。⑤虚声处士: 徒有虚名的隐士。⑥经纶: 整理蚕丝, 比喻筹划治理国家大事。

【译文】那些高谈阔论山林隐逸生活的人, 总是不喜欢谈论实事。事情如果真的这样的话, 那么就应当废弃《史记》《汉书》这类书籍，不再阅读。因为这些书所记载的都是古代的实事。

# 058. 云不能画

云之为物，或崔巍①如山，或潋滟②如水，或如人，或如兽，或如鸟毳③，或如鱼鳞。故天下万物皆可画，惟云不能画。世所画云，亦强名④耳。

何蔚宗曰：天下百官皆可做，惟教官⑤不可做。做教官者，皆谪戍耳。

张竹坡曰：云有反面正面，有阴阳向背，有层次内外。细观其与日相映，则知其明处乃一面，暗处又一面。尝谓古今无一画云手，不谓《幽梦影》中先得我心。

【注释】①崔巍：高峻的样子。②潋滟：水波荡漾的样子。③毳（cuì）：鸟兽的细毛。《汉书·晁错传》："兽毛毳毛，其性能寒。"④强名：勉强称为。《老子·第二十五章）："有物混成，先天地生。寂兮寥兮，独立而不改，周行而不殆，可以为天地母。吾不知其名，强字之曰'道'，强为之名曰'大'。"⑤教官：古代掌管学务的官员。

【译文】云朵变化万千，有时像高峻连绵的山峰，有时像波光闪烁的水面，有时像人，有时像动物，有时像羽毛，有时像鱼鳞，所以世界上什么都可以画出来，只有画云画不出具体的样子。世间所画的云，也不过是勉强叫作云罢了。

# 059. 人生之全福

　　值①太平世，生湖山郡②，官长廉静，家道优裕，娶妇贤淑，生子聪慧，人生如此，可云全福。

　　许篠林③曰：若以粗笨愚蠢之人当之，则负却造物。

　　江含徵曰：此是黑面老子要思量做鬼处④。

　　吴岱观⑤曰：过屠门而大嚼，虽不得肉，亦且快意。

　　李荔园曰：贤淑、聪慧，尤贵永年，否则福不全。

　　【注释】①值：遇上，赶上。②湖山郡：指山水清秀的地方。③许篠（xiǎo）林：即许楚，字芳城，号旅亭、篠林，安徽歙县人。有《青岩集》。④此是黑面老子要思量做鬼处：原文是作者夸赞父亲张习孔，此则评语是戏谑之语，意谓对张习孔作临终总结。⑤吴岱观：即吴山涛，字岱观，号塞翁，安徽歙县人，清初书画家。博通经史，能文工诗，书法劲逸。画山水，挥洒自然。书画知名，求索者甚众。著有《塞翁集》。

　　【译文】赶上太平时代，出生在山水清秀的地方，地方官廉洁清正，家境优渥，妻子贤惠善良，儿女聪明伶俐，人生如此，可以说是幸福美满了。

# 060. 天下玩器

天下器玩之类，其制日工[1]，其价日贱，毋惑乎民之贫也。

张竹坡曰：由于民贫，故益工而益贱。若不贫，如何肯贱！

**【注释】** [1]工：精细。

**【译文】** 世上供人玩赏的器物制作得一天比一天精巧，价格却一天比一天便宜，难怪老百姓越来越贫穷了呢。

# 061. 花与瓶的搭配

养花胆瓶[1]，其式之高低大小，须与花相称；而色之浅深浓淡，又须与花相反。

程穆倩[2]曰：补袁中郎《瓶史》所未逮[3]。

张竹坡曰：夫如此，有不甘去南枝[4]而生香于几案之右者乎！名花心足矣。

王宓草⑤曰：须知相反者，正欲其相称也。

**【注释】**①胆瓶：颈长腹大、形如悬胆的一种花瓶。②程穆倩：即程邃，字穆倩，号垢区，一号青溪，又号垢道人、野全道者、江东布衣，明末清初篆刻家、书画家，安徽歙县人，生于松江华亭（今上海松江）。为人博雅好结纳，精于医。博学，工诗文，精金石、篆刻、鉴别古书画及铜玉器。著有《会心吟》《萧然吟》等。③袁中郎：即袁宏道，字中郎，号石公，明代文学家。与兄宗道、弟中道并称"三袁"，为"公安派"创始人，有《袁中郎全集》。袁宏道所著《瓶史》是记述插花艺术的专著。④南枝：《古诗十九首》之一："胡马依北风，越鸟巢南枝。"后多指故国、故土。⑤王宓（mì）草：即王著（shī），原名王尸，字宓草，号湖村，秀水（今浙江嘉兴）人。王桌之兄，王概之弟。工诗歌，善画花卉、翎毛，兼工书法、篆刻，擅名于时。

**【译文】**插花的花瓶，它的样式及高矮大小，必须与所插的鲜花相匹配；而花瓶颜色的深浅浓淡，又必须要与花的颜色相反。


# 062. 春、夏、秋之雨


春雨如恩诏①，夏雨如赦书②，秋雨如挽歌③。
张谐石④曰：我辈居恒苦饥，但愿夏雨如馒头耳。

张竹坡曰: 赦书太多, 亦不甚妙。

【注释】①恩诏: 帝王降恩时所下的诏书, 形容春雨珍贵而让人欣喜。②赦书: 免除罪行的文书, 形容夏雨酣畅淋漓。③挽歌: 哀悼死者的歌, 形容秋雨萧索。④张谐石: 即张韵, 字谐石, 号浮丘, 扬州人。为落拓贫士, 工诗, 亦工书画, 有《城东草堂集》。

【译文】春雨像皇帝降恩的诏书珍贵而让人欣喜, 夏雨像大赦天下的诏书酣畅淋漓, 秋雨似哀悼逝者的挽歌萧索凄凉。

# 063. 全人

十岁为神童, 二十三十为才子, 四十五十为名臣, 六十为神仙, 可谓全人矣。

江含徵曰: 此却不可知, 盖神童原有仙骨故也。只恐中间做名臣时, 堕落名利场中耳。

杨圣藻①曰: 人孰不想? 难得有此全福!

张竹坡曰: 神童、才子由于己, 可能也; 名臣由于君, 神仙由于天, 不可必⑦也。

顾天石曰: 六十神仙, 似乎太早。

【注释】①杨圣藻：即杨衡选，字圣藻，江苏泾阳人，《虞初新志》卷七录其《记盗》，有《披香文集》。

【译文】一个人如果十岁就能成为出口成章的神童，二三十岁时就能成为蟾宫折桂的才子，四五十岁时能够成为主政一方的名臣，六十岁时能够讨上逍遥自在的神仙生活，就可以称得上是完人了。

# 064. 武人与文人

武人不苟战，是为武中之文；文人不迂腐，是为文中之武。

梅定九①曰：近日文人不迂腐者颇多，心斋亦其一也。

顾天石曰：然则心斋直谓之武夫可乎！笑笑！

王司直曰：是真文人，必不迂腐。

【注释】①梅定九：即梅文鼎，字定九，号勿庵，宣城（今安徽宣州）人。清代著名天文、数学家，通天文、历算之学，并向西方传教士学习，在几何学领域的贡献尤为突出。著书百余种，汇编为《梅勿庵先生历算全书》《梅氏丛书辑要》等。有《绩学斋集》。

【译文】武将不仓促上阵，不草率用兵，是武将中的文人；文人不死板，不拘泥守旧，是文人中的武将。

# 065. 武事与文章

文人讲武事，大都纸上谈兵①；武将论文章，半属道听途说②。

吴街南曰：今之武将讲武事，亦属纸上谈兵；今之文人论文章，大都道听途说。

【注释】①纸上谈兵：比喻夸夸其谈，不切实际。《史记·廉颇蔺相如传》记载：战国时赵括，擅长谈论兵法，不知变通，长平一役大败，赵军被坑杀四十万人的故事。②道听途说：没有根据的传言。这里是指没有自己的见解，人云亦云。《汉书·艺文志》载："小说家者流，盖出于稗官，街谈巷语，道听途说者之所造也。"

【译文】文人谈论打仗的事，大多是纸上谈兵，不切实际；武将谈论诗词文章，多半属于道听途说，一知半解。

# 066. 可存的三种斗方

斗方①止三种可存：佳诗文一也，新题目二也，精款式三也。

闵宾连②曰：近年斗方名士③甚多，不知能人吾心斋彀中④否也？

【注释】①斗方：写字作画所用的一尺见方的纸张。亦指一、二尺见方的字画。②闵宾连：即闵麟嗣，字宾连，安徽歙县人，明末清初学者、旅行家。处士，工诗善书，著《黄山志》《黄山松石谱》《梣学草堂诗存》等。③斗方名士：指不学无术而又自命风雅喜欢卖弄的无聊文人。④彀（gòu）中：弩射程所及的范围，这里指选择范围。

【译文】值得收藏书画只有三种：一是美好的诗词文章，二是新颖的命题，三是精美的落款和样式。

# 067. 情近痴，才兼趣

情必近于痴而始真，才必兼乎趣而始化①。

陆云士曰：真情种，真才子，能为此言。

顾天石曰：才兼乎趣，非心斋不足当之。

尤慧珠曰：余情而痴则有之，才而趣则未能也。

【译文】感情一定要接近痴迷才算是真情实意，才华一定要兼具情趣方能趋至化境。

# 068. 全才者其惟莲

凡花色之娇媚者，多不甚香；瓣之千层者，多不结实。甚矣！全才之难也！兼之者，其惟莲乎！

殷日戒曰：花叶根实无所不空，亦无不适于用，莲则全有其德者也。

贯玉曰：莲花易谢，所谓有全才而无全福也。

王丹麓①曰：我欲荔枝有好花，牡丹有佳实，方妙。

尤谨庸曰：全才必为人所忌，莲花故名君子。

【注释】①王丹麓（lù）：即王晫。

【译文】花中凡是颜色娇艳的，大多不太香；花瓣层叠厚重的，大多结不出果实。既有娇艳的颜色，又有香味，还花瓣重叠，又能结果的花朵实在是难得啊！能兼有这些的特点的，恐怕只有莲花了！

# 069. 著新书与注古书

著得一部新书，便是千秋大业；注得一部古书，允①为万世宏功。

　　黄交三曰：世间难事，注书第一。大要于极寻常处，要看出作者苦心。

　　张竹坡曰：注书无难，天使人得安居无累，有可以注书之时与地为难耳。

　　【注释】①允：的确，确实。

　　【译文】写成一部新的著作，便算是千秋万代的事业，注解出一部流传后世的古书，称得上是万世不朽的大功勋。

# 070. 欺世盗名之举

　　延名师训子弟①，入名山习举业②，丐名士代捉刀③，三者都无是处。

　　陈康畴曰：大抵名而已矣，好歹原未必着意。

　　殷日戒曰：况今之所谓名乎！

　　【注释】①延：延请。训：教导。②举业：科举时代指专为应试的诗文、学业、课业、文字。也指八股文。③丐：请求。名士：古代称以诗文著称的文人，或指名望很高而不做官的人。捉刀：替别人写文章。典出《世说新语·容止》，曹操让相貌堂堂的崔琰冒充自己接待匈奴使者，自己则提着刀站在一边，匈奴使者称赞"床头捉刀人，此乃英雄也"。后来将代别人做文章叫捉刀。

【译文】延请有名望的老师教导子弟，进入名山书院学习应试文章，乞求名士替自己做文章，这三件事都是对举业无用的行为。

# 071. 关于文学体裁

积画①以成字，积字以成句，积句以成篇，谓之文。文体日增，至八股②而遂止。如古文③，如诗，如赋，如词，如曲，如说部④，如传奇小说，皆自无而有。方其未有之时，固不料后来之有此一体也。逮⑤既有此一体之后，又若天造地设，为世必应有之物。然自明以来，未见有创一体裁新人耳目者。遥计百年之后，必有其人，惜乎不及见耳！

陈康畴曰：天下事，从意起。山来今日既作此想，安知其来生不即为此辈翻新之事乎？惜乎今人不及知耳。

陈崔山曰：此是先生应以创体身得度者，即现创体身而为设法。

孙恺似曰：读《心斋别集》，拈四子书题，以五七言韵体行之，无不入妙，叹其独绝。此则直可当先生自序也。

张竹坡曰：见及于此，是必能创之者。吾拭目以待新裁。

【注释】①画：这里指笔画。②八股：明清时期科举考试的主要文体，因为文章的主体部分的四个段落各自由两股对偶的文字组成而得名。又称为制艺、时文、经义等。③古文：指秦汉以来的散文体，以区别于六朝形成的骈体文，后来也区别于科举时代的八股文。④说部：指古代小说、笔记、杂著一类书籍。⑤逮：等到。

【译文】不同的笔画组合起来便构成了文字，不同的字组合起来便构成了句子，不同的句子组合起来便构成了篇目，称为文章。文章体裁不断地增加，到如今的八股文为止。像古文、诗、赋、词、曲、说部、传奇小说，都是从无到有。各种体裁还没有出现的时候，人们哪里能够料到呢。等到这种体裁出现了，就像是上天的安排，世界上本来就应该有这种体裁一样。然而从明朝以来，还没有见到谁能创造一种可以令人耳目一新的体裁。估计百年之后，定会有这么个创造新体裁的人，只可惜我见不到了！

# 072. 友道之可贵

云映日而成霞，泉挂岩而成瀑。所托者异，而名亦因之。此友道之所以可贵也。

张竹坡曰：非日而云不映，非岩而泉不挂。此友道之所以当择也。

【译文】白云被日光照射变成了彩霞，泉水悬挂在悬崖上变成了瀑布。因为所依托的事物不同，所以名称也不相同。这也是朋友相交的可贵之处。

# 073.学大家与名家之文

大家①之文，吾爱之慕之，吾愿学之；名家②之文，吾爱之慕之，吾不敢学之。学大家而不得，所谓刻鹄不成尚类鹜③也；学名家而不得，则是画虎不成反类狗④矣。

黄旧樵⑤曰：我则异于是。最恶世之貌为大家者。

殷日戒曰：彼不曾闻其藩篱⑥，乌能窥其门阃奥⑦！只说得隔壁话耳。

张竹坡曰：今人读得一两句名家，便自称大家矣。

【注释】①大家：这里是指博采众长、集大成的作家。②名家：有专长、自成一家的作家。③刻鹄不成尚类鹜：虽刻天鹅不成功，却也还像个野鸭子，模样相差不会太远。比喻大家之文有规矩可寻。④画虎不成反类狗：老虎没画成，反而像条狗，那就相差得远了。比喻名家之文个性鲜明，难以效仿。⑤黄旧樵：即黄云。⑥藩篱：篱笆。⑦乌能：哪能。阃（kǔn）奥：比喻学问、事理的精微深奥。

【译文】大家的文章，我既喜爱又倾慕，并且愿意学习模仿。名家的文章，我也喜爱且倾慕，但我不敢学习模仿。学写大家的文章，即使学不成，也不过是像刻鹄不成尚类鹜那样八九不离十。而如果学写名家的文章学不成，则是画虎不成反类犬。

# 074. 自然与清虚

由戒得定，由定得慧①，勉强②渐近自然；炼精化气，炼气化神③，清虚④有何渣滓！

袁中江曰：此二氏⑤之学也。吾儒何独不然？

陆云士曰：《楞严经》⑥、《参同契》⑦，精义尽涵在内。

尤悔庵曰：极平常语，然道在是矣。

【注释】①由戒得定，由定得慧：戒、定、慧分别属于佛教三藏中的律、经、论，是修佛者必须修持的三种基本学业，称为三学。"戒"就是守规律、悟佛法，即防止思想、言语、行为三方面的过失；"定"就是进入禅定状态，即屏除杂念，专心致志，观悟四谛；"慧"就是智慧，即有厌、无欲、见真，摒除一切欲望和烦恼，专思谛十二缘以见法，获解脱。②勉强：意即努力，尽力而为。《礼记·中庸》："或安而行之，或利而行之，或勉强而行之，及其成功一也。"③炼精化气，炼气化神：道家以精、气、神为内三宝。按道家的说法，"精"为肾精，藏在下丹田，炼之可以化成精气；"气"为元气，在中丹田，炼之可以化神；"神"即元神，在上丹田，炼之可以达到清虚无染的境界。④清虚：清净虚无。⑤二氏：指佛、道两家。⑥《楞严经》：佛教经典，全称《大佛顶如来密因修证了义诸菩萨万行首楞严经》，又名《中印度那烂陀大道场经》，讲述修禅定以"成无上道"的道理。⑦《参同契》：道教经典，又名《周易参同契》，是一部参合"《周易》"、"黄老"、"炉火"三家理法而会归于一的道教修仙炼丹之作，作者是东汉魏伯阳，因"妙契大道"，故名。

**【译文】**修佛是通过修行而进入禅定的状态，通过禅定状态而获得解脱，渐修渐进就能进入到空灵超越的境界。修仙是将精气炼化为元气，将元气炼化为元神，达到清净虚无的境界就不会有任何私心杂念了。

# 075. 方位论

南北东西，一定之位①也；前后左右，无定之位②也。

张竹坡曰：闻天地昼夜旋转，则此东西南北，亦无定之位也。或者天地外贮此天地者，当有一定耳。

**【注释】**①一定之位：固定不变的方位。②无定之位：没有定准、变来变去的方位。

【译文】南、北、东、西这四个方位是固定不变的，而前、后、左、右则随参照物位置的变化而变化，不是固定不变的。

# 076. 佛道二教不可废

予尝谓二氏不可废，非袭夫大养济院①之陈言也。盖名山胜境，我辈每思褰裳就之②。使非琳宫梵刹③，则倦时无可驻足，饥时谁与授餐？忽有疾风暴雨，五大夫果真足恃乎？又或丘壑深邃，非一日可了，岂能露宿以待明日乎？虎豹蛇虺，能保其不为人患乎？又或为士大夫所有，果能不问主人，任我之登陟④凭吊⑤而莫之禁乎？不特⑥此也。甲之所有，乙思起而夺之，是启争端也。祖父之所创建，子孙贫力不能修葺。其倾颓之状，反足令山川减色矣。

然此特就名山胜境言之耳。即城市之内，与夫四达之衢⑦，亦不可少此一种。客游可作居停⑧，一也；长途可以稍憩，二也；夏之茗，冬之姜汤，复可以济役夫负戴之困⑨，三也。凡此皆就事理言之，非二氏福报之说⑩也。

释中洲曰：此论一出，量无悭檀越⑪矣。

张竹坡曰：如此处置此辈甚妥。但不得令其于人家丧事诵经，吉事拜忏；装金为像，铸铜作身；房如宫殿，器御钟鼓，动说因果。虽饮酒食肉，娶妻生子，总无不可。

石天外曰：天地生气，大抵五十年一聚。生气一聚，必有刀兵、饥馑、瘟疫，以收其生气。此古今一治一乱必然之数也。自佛入中国，用剃度出家法，绝其后嗣，天地盖欲以佛节古今之生气也。所以唐、宋、元、明以来，剃度者多，而刀兵劫数，稍减于春秋战国秦汉诸时也。然则佛氏且未必无功于天地，宁特人类已哉！

顾天石曰：所以名家画山水不离梵宇琳宫。⑫

**【注释】**①养济院：古代官办的收养孤寡老人、儿童、乞丐的机构。②褰（qiān）裳：同"搴裳"，提起衣服。意即准备去游览。就：靠近，这里是游览之意。③使：假使，假如。琳宫：道观。梵刹：佛寺。④登陟：登上。⑤凭吊：对着遗迹怀念古人或旧事。⑥不特：不仅。⑦四达之衢（qú）：四通八达的大道。⑧居停：暂时歇脚或租住的地方。⑨济：帮助，解救。这里是消除的意思。役夫：供人役使的体力劳动者。负戴：背负头戴，泛指劳役。⑩福报之说：因果报应之类说法。⑪悭：小气，吝啬。檀越：梵语音译，意为施主，出家人称施舍财物、饮食给他自己或佛寺的人，也泛称在家之人。⑫此则评语据《啸园丛书》本补。

**【译文】**我曾经说过佛、道二教是不能废除的，并非沿袭佛、道二教是大养济院的陈腐论调。那些名山胜景，是我们这些人喜欢游览的，如果没有寺庙、道观，那么我们游山疲倦时就没有歇脚的地方，饿了时谁又给我们吃的呢？若是忽然遇到暴风骤雨，就凭泰山顶上的五大夫松能躲避过去吗？或者身处幽深山谷，不是一天可以游完的，我们难道可以露宿山中来等待第二天天明吗? 那些蛇虫猛兽能保证不伤人吗? 又或者这些名山都被官宦所有, 我们真能不通过主人同意, 而任凭我们去攀登游玩、凭吊古迹而不遭到禁止吗? 不仅是这些。倘若这些都是甲的, 乙想要夺为己有, 这便会引起双方的争端。祖辈和父辈创建的基业, 而后代子孙由于家道中落无力修缮, 致使墙垣倒塌败坏, 反而会使名山胜境逊色不少。

然而这仅是就名山胜境来说的, 就是城市里面和那些四通八达的道路旁, 也不可没有这些建筑。第一, 可以作为游客的旅舍; 第二, 长途旅行的人可以作为稍事休息的场所; 第三, 夏天有清茶, 冬天有姜汤, 还可以解除役夫们的旅途困乏。我讲的这些用途都是从实际情况出发的, 并非佛、道二教因果报应之类的说法。

# 077. 笔砚不可不精

虽不善书, 而笔砚不可不精; 虽不业医①, 而验方②不可不存; 虽不工弈③, 而楸枰④不可不备。

江含徵曰: 虽不善饮, 而良酝不可不藏。此坡仙⑤之所以为坡仙也。

顾天石曰: 虽不好色, 而美女妖童不可不蓄。

毕右万曰: 虽不习武, 而弓矢不可不张。

【注释】①业医：当医生，以医为业。②验方：经过使用证明确有
疗效的现成药方。③工弈：棋下得好。工，擅长。④楸（qiū）枰（píng）：
棋盘。古代围棋棋盘多用楸木做成。⑤坡仙：即苏轼，因号东坡居士，
故仰慕者称之为"坡仙"。

【译文】尽管不擅长书法，但笔、砚不能不精美；尽管不当医生，
但有效的药方不能不收藏；尽管不擅长对弈，但棋盘不可不准备。

# 078. 方外与红裙

方外①不必戒酒，但须戒俗；红裙②不必通文，但须得趣。

朱其恭③曰：以不戒酒之方外，遇不通文之红裙，必有可观。

陈定九④曰：我不善饮，而方外不饮酒者，誓不与之语。红裙若不识
趣，亦不乐与近。

释浮村曰：得居士此论，我辈可放心豪饮矣。

弟东圃⑤曰：方外并戒了化缘方妙。

【注释】①方外：世俗之外，古人对僧道等出家人的别称。②红
裙：代指女子，唐宋时代，多指歌妓。③朱其恭：即朱慎。④陈定九：
即陈鼎，原名太夏，字定九，号鹤沙，晚号铁肩道人，清代历史学家。工
诗文，尤精于史。陈鼎著述颇丰，惜大多失传，传世的著作有《东林列

传》二十四卷、《留溪外传》十八卷、《黄山史概》《蛇谱》《竹谱》《荔枝谱》等，其中以《东林列传》最著名，可补《明史》之缺。⑤弟东圃（yòu）：即张淳，是张潮的四弟，字质生，号东圃。张潮兄弟四人，兄张士麟（字玉书），三弟张渐（字进也，号木山）。

【译文】出家人不一定要戒酒，但必须戒除俗行俗念；女子不一定要通晓诗文，但必须通情识趣。

# 079. 论陪衬之石

梅边之石宜古，松下之石宜拙，竹傍之石宜瘦，盆内之石宜巧。

周星远曰：论石至此，直可作九品中正①。

释中洲曰：位置相当，足见胸次。

【注释】①九品中正：魏晋南北朝时期魏文帝所制定的九品官人制度，将各地士人按才能分别评为九等（九品），以备朝廷按等选用。隋文帝时废除此制，改行科举制。

【译文】梅树旁的石头应该古雅质朴，松树下的石头应该粗拙朴实，翠竹旁的石头应该清奇瘦削，盆景内的石头应该精巧别致。

# 080. 律己与处世

律己宜带秋气①，处世宜带春气②。

孙松楸③曰：君子所以有矜群而无争党④也。

胡静夫⑤曰：合夷、惠⑥为一人，吾愿亲炙⑦之。

尤悔庵曰：皮里春秋⑧。

**【注释】**①秋气：秋天一片肃杀，比喻严格。②春气：春天温暖和煦，长养万物，比喻和蔼亲切。③孙松楸：疑当作"孙松坪"，即孙致弥。④有矜群而无争党：矜，庄重自持。群，合群，团结别人。争，争执。党，结党营私。语出《论语·卫灵公》："子曰：'君子矜而不争，群而不党。'"⑤胡静夫：即胡其毅，字致果，号静夫，江宁（今江苏南京）人。曹寅任江宁织造时，曾与胡其毅往来，诗酒唱和。平生谦谨自持，至老不变，为诗亦尚冲淡，著有《静拙斋诗稿》。⑥夷、惠：即不食周粟而死的伯夷和坐怀不乱的柳下惠，这里代指廉正之士。⑦亲炙：直接受到传授、教导。⑧皮里春秋：藏在心里不说出来的评论。出自《晋书·卷九三·外戚传·褚裒传》："谯国桓彝见而目之曰：'季野有皮里阳秋。'言其外无臧否，而内有所褒贬也。"为避晋简文帝母后阿春的名讳，后改"皮里春秋"为"皮里阳秋"。

**【译文】**要求自己应该像秋天的萧杀气一样严格，待人处事应该如拂面春风般和蔼亲切。

# 081. 厌与喜

厌催租之败意，亟宜早早完粮①；喜老衲②之谈禅，难免常常布施。

释中洲曰：居士辈之实情，吾僧家之私冀，直被一笔写出矣。

瞎尊者③曰：我不会谈禅，亦不敢妄求布施，惟闲写青山卖④耳。

**【注释】**①完粮：交纳租税。②老衲：老和尚。和尚穿的僧衣又名百衲衣，故以"衲"代指僧人。③瞎尊者：即石涛，本姓朱，名若极，全州（今属广西桂林）人，明藩靖江王朱守谦后裔，清初画家。明亡，出家为僧，法名道济，号苦瓜和尚、大涤子、瞎尊者等。擅画山水，对扬州画派及近现代中国画影响很大。兼工书法和诗，并擅园林叠石，扬州余氏万石园即出其手。晚年定居扬州，卖画为生。有《苦瓜和尚画语录》《大涤子题画诗跋》等。④闲写青山卖：指卖画，明唐寅《言志》云："不炼金丹不坐禅，不为商贾不耕田。闲来写就青山卖，不使人间造孽钱。"

**【译文】**讨厌催收租税败坏意兴，最好早早将租税交完了事；喜欢听老和尚谈经说禅，所以免不了要常常布施一些银钱。

# 082. 耳中别有不同

松下听琴，月下听萧，涧边听瀑布，山中听梵呗①，觉耳中别有不同。

张竹坡曰：其不同处，有难于向不知者道。

倪永清曰：识得"不同"二字，方许享此清听。

【注释】①梵呗：佛教作法事时念诵经文的声音。

【译文】青松下听琴声，月光下听箫声，溪涧边听瀑布的撞击声，深山中听僧人的诵经声，给人带来一番耳目一新的感触。

# 083. 月下之妙

月下听禅，旨趣益远；月下说剑，肝胆益真；月下论诗，风致益幽；月下对美人，情意益笃①。

袁士旦<sup>②</sup>曰：溽暑中赴华筵，冰雪中应考试，阴雨中对道学<sup>③</sup>先生，此况味何如？

**【注释】**①笃：深厚。②袁士旦：即袁启旭。③道学：原指宋明时期的唯心主义哲学思想，这里指古板迂腐者。

**【译文】**月下听人谈经论禅，领悟会更加深邃；月下谈论剑术，肝胆相照的心会更加真挚；月下谈论诗词，韵意兴致会更加幽雅；月下与佳人相会，情意会更加深厚。


# 084.各处山水之妙

有地上之山水，有画上之山水，有梦中之山水，有胸中之山水。地上者，妙在丘壑深邃；画上者，妙在笔墨淋漓；梦中者，妙在景象变幻；胸中者，妙在位置<sup>①</sup>自如。

周星远曰：心斋《幽梦影》中文字，其妙亦在景象变幻。

殷日戒曰：若诗文中之山水，其幽深变幻，更不可以名状。

江含徵曰：但不可有面上之山水。<sup>②</sup>

余香祖曰：余景况不佳，水穷山尽矣。

**【注释】**①位置：这里作动词用，安排、安置之意。②但不可有面上之山水：语意比较隐晦，可能有二种解释。其一，指脸上皱纹纵横，年老色衰，谑语对应于张潮所说"地上者妙在丘壑深邃"。其二，婉言人死，因杜甫悼弟诗《不归》说"面上三年土，春风草又生"。江含徵是医生，关注生老病死，三句话不离本行。

**【译文】**世间的山水，有地上的，有画上的，有梦中的，有胸中的。地上的山水妙在丘陵沟壑，自然幽深；画上的山水妙在笔墨洒脱，酣畅淋漓；梦中的山水妙在景象变幻，气象万千；胸中的山水妙在任意安置，随心所欲。

# 085. 百年之计种松

一日之计种蕉，一岁之计种竹，十年之计种柳，百年之计种松。

周星远曰：千秋之计，其著书乎？

张竹坡曰：百世之计种德。

**【译文】**如果只做一天的计划，就种芭蕉；如果要做一年的计划，就种竹子；如果是做十年的计划，就种柳树；如果是百年大计，就种苍松。

# 086. 四季雨中所宜

春雨宜读书。夏雨宜弈棋，秋雨宜检藏①，冬雨宜饮酒。

周星远曰：四时惟秋雨最难听，然予谓无分今雨旧雨，听之要皆宜于饮也。

【注释】①检藏：翻检旧藏这类琐细之事。

【译文】春雨时最适合阅读诗书，夏雨时最适合对弈下棋，秋雨时最适合翻检旧藏，冬雨时最适合小酌对饮。

# 087. 诗文与词曲

诗文之体得秋气为佳，词曲之体得春气为佳。

江含徵曰：调有惨淡悲伤者，亦须相称。

殷日戒曰：陶诗、欧文①，亦似以春气胜。

**【注释】**①陶诗、欧文: 陶渊明的诗, 欧阳修的文章。

**【译文】**诗文的创作, 应像秋天一样深沉, 语句严谨; 词曲的创作, 应像春天一样生机勃勃, 字句灵动。

# 088. 不求与求

抄写之笔墨, 不必过求其佳; 若施之缣素①, 则不可不求其佳。诵读之书籍, 不必过求其备②; 若以供稽考③, 则不可不求其备。游历之山水, 不必过求其妙; 若因之卜居④, 则不可不求其妙。

冒辟疆曰: 外遇之女色, 不必过求其美; 若以作姬妾, 则不可不求其美。

倪永清曰: 观其区处⑤条理, 所在经济⑥可知。

王司直曰: 求其所当求, 而不求其所不必求。

**【注释】**①缣(jiān)素: 供书画用的白色细绢。②备: 完备。③稽考: 研究考证。④卜居: 选择居处。⑤区处: 处理, 筹划安排。⑥经济: 经世济民。指治理国家。

**【译文】**用来抄书写字的笔墨, 不一定要用最好的; 但如果是在白绢上作诗写词, 就不能不选择质地好的笔墨才行。用来阅读的书籍，不必过于追求完备；但如果是用来作考校求证的书籍，就一定要选择完备齐全的书籍才行。游山玩水，不必过于追求秀丽美妙；但如果是作为定居之地，就一定要选择清雅秀美之地才行。

# 089. 求知者的分别

人非圣贤，安能无所不知！只知其一，唯恐不止其一，复求知其二者，上也；止知其一，因人言始知有其二者，次也；止知其一，人言有其二而莫之信者，又其次也；止知其一，恶人言有其二者，斯下之下矣。

周星远曰：兼听则聪，心斋所以深于知也。

倪永清曰：圣贤大学问，不意于清语①得之。

【注释】①清语：清谈高论。这里指《幽梦影》这类清言小品著述。

【译文】人不是圣贤，怎么可能什么都知道？只知道其中一点，又害怕不只是这一点，而想方设法去了解其他的内容的人，是最上乘的求知者。只知道其中一点，经过别人的指点才知道有其他的内容的人，是次一等的求知者。只知道其中一点，别人说起还有别的的内容时却不相信的人，是再次一等的求知者。只知道其中一点，讨厌别人说还有其他内容的人，是最差的求知者。

# 090. 史官与职方

史官所纪者，直世界<sup>①</sup>也；职方<sup>②</sup>所载者，横世界也。

袁中江曰：众宰官<sup>③</sup>所治者，斜世界也。

尤悔庵曰：普天下所行者，混沌世界也。

顾天石曰：吾尝思天上之天堂，何处筑基；地下之地狱，何处出气？世界固有不可思议者！

【注释】①直世界：史官所记载历史，以时间为线索，是纵向发展的，所以称为直世界。②职方：官名。《周礼·夏官》有职方氏，其职责是主管地图和四方贡物，后来历代多设此职，掌管舆图、军制、城隍、镇戍等。这些是以空间为线索，横向分布的，所以称为横世界。③宰官：县令。

【译文】史官所记载的历史事件，是以时间为顺序的，是一个从古到今的纵向世界；职方官所记载的风土人情，是以空间为线索的，是一个方圆广阔的横向世界。

# 091. 八卦

先天八卦①, 竖看者也; 后天八卦②, 横看者也。

吴街南曰: 横看竖看, 皆看不着。

钱目天③曰: 何如袖手旁观?

【注释】①先天八卦: 八卦是《易经》中的八种基本符号, 即乾、坤、离、震、兑、巽、坎、艮。相传伏羲把八卦排列起来画成一个八角形, 这就是先天八卦, 其卦序为乾一、兑二、离三、震四、巽五、坎六、艮七、坤八。②后天八卦: 传闻为周文王创制, 把八卦衍化为六十四卦, 因在伏羲之后, 故称后天。先天图在前, 为纵, 后天图赖以建立和应用, 为横。先天图竖着看, 后天图横着看。③钱目天: 即钱觐, 字目天, 号波斋, 浙江钱塘人, 篆刻家。陈鹏年《慎思堂印谱序》称其"于书无所不读, 工诗词, 兼及秦汉篆刻"。康熙十八年(1679)辑刻印成《波斋百二甲子印》一册, 著有《粟园诗钞》。

【译文】伏羲创制的先天八卦, 要竖着看; 周文王所制的后天八卦, 要横着看。

# 092. 书之四难

藏书不难，能看为难；看书不难，能读为难；读书不难，能用为难；能用不难，能记为难。

洪去芜①曰：心斋以能记次于能用之后，想亦苦记性不如耳。世固有能记而不能用者。

王端人②曰：能记、能用，方是真藏书人。

张竹坡曰：能记固难，能行尤难。

【注释】①洪去芜：即洪嘉植。②王端人：即王正，字端人。康熙二十五年作《心斋诗幻序》，落款"时康熙丙寅巧弟二日观道人王正端人氏顿首书于邗上旅次"（邗上在今扬州）。疑即清初女画家王正。据清李斗《扬州画舫录》等载，王正，字端肃，也有记载说是字端叔或端人，江都（即扬州）闺秀。善画花草，布置工稳。能诗，受知于徐倬。著有《砚庐草》。

【译文】收藏书籍不难，难的是能够去看；能够看书不难，难的是能够读懂书中的奥义；读懂书中的奥义也不难，难的是能够运用这些知识；运用这些只是也不难，难的是能把它们全部都牢记于心。

# 093. 论求知己

求知己于朋友易，求知己于妻妾难，求知己于君臣则尤难之难。

王名友曰：求知己于妾易，求知己于妻难，求知己于有妾之妻尤难。

张竹坡曰：求知己于兄弟亦难。

江含徵曰：求知己于鬼神则反易耳。

【译文】在朋友中找知己较容易，在妻妾中找知己就难了，而在国君与朝臣之间去找知己就难上加难。

# 094. 善人与恶人

何谓善人？无损于世者则谓之善人；何谓恶人？有害于世者则谓之恶人。

江含徵曰：尚有有害于世，而反邀善人之誉，此实为好利而显为名高者, 则又恶人之尤。

【译文】什么叫善人? 没有危害社会的人就叫善人; 什么叫恶人? 危害社会的人就叫恶人。

# 095. 什么是福

有工夫读书, 谓之福; 有力量济人, 谓之福; 有学问著述, 谓之福; 无是非到耳, 谓之福; 有多闻、直、谅之友①, 谓之福。

殷日戒曰: 我本薄福人, 宜行求福事, 在随时儆醒而已。

杨圣藻曰: 在我者可必, 在人者不能必。

王丹麓曰: 备此福者, 惟我心斋。

李水樵②曰: 五福骈臻③固佳, 苟得其半者, 亦不得谓之无福。

倪永清曰: 直、谅之友, 富贵之人久拒之矣。何心斋反求之也?

【注释】①多闻、直、谅之友: 指正直、诚信、见识广博的朋友。语出《论语·季氏》: "益者三友, 损者三友。友直、友谅、友多闻, 益矣。"②李水樵: 即李淦。③骈臻: 并至, 一并到来。

【译文】有时间读书就是福气; 有能力救济他人就是福气; 有学问著书立说就是福气; 耳朵中不闻是非就是福气; 有见多识广、正直诚信的朋友就是福气。

# 096. 闲之乐

　　人莫乐于闲，非无所事事之谓也。闲则能读书，闲则能游名胜，闲则能交益友<sup>①</sup>，闲则能饮酒，闲则能著书。天下之乐，孰大于是！

　　陈崔山曰：然则正是极忙处。

　　黄交三曰：闲字前有止敬<sup>②</sup>功夫，方能到此。

　　尤悔庵曰：昔人云"忙里偷闲"。闲而可偷，盗亦有道<sup>③</sup>矣。

　　李若金曰：闲固难得，有此五者，方不负闲字。

　　【注释】①益友："益者三友"的略称。②止敬：康熙本作"主"，二者孰优？止敬，尊重、恭敬。出自《大学》"为人君，止于仁；为人臣，止于敬"，讲的是纲常伦理；主敬，是宋代理学所倡导的一种道德修养，不涉及身份角色。看作者原文，讲的并非三纲五常，似乎这里用"主敬"更为合适。③盗亦有道：语出《庄子·胠箧》："故跖之徒问于跖曰：'盗亦有道乎？'跖曰：'何适而无有道邪？'"庄子本意是以此说明道是无所不在的，后引申为即便是为非作恶的人，也有自己的规矩和道理。

【译文】人没有不喜欢清闲的,但清闲并非无所事事。闲暇时能读书,闲暇时能游览名山大川,闲暇时能与见多识广、正直诚信的朋友相交,闲暇时能开怀畅饮,闲暇能著书立说。天底下还有什么事情是比清闲还快乐的吗?

# 097. 山水与文章

文章是案头之山水,山水是地上之文章。

李圣许曰:文章必明秀,方可作案头山水;山水必曲折,乃可名地上文章。

【译文】文章跌宕起伏,掩映含蓄,是摆在案头上的山水;山水如画,气象万千,是写在大地上的文章。

# 098. 关于声韵

平上去入①,乃一定之至理。然入声之为字也少,不得谓凡字皆有四声也。世之调平仄<sup>②</sup>者，于入声之无其字者，往往以不相合之音隶<sup>③</sup>于其下。为所隶者，苟无平上去之三声，则是以寡妇配鳏夫<sup>④</sup>，犹之可也；若所隶之字，自有其平上去之三声，而欲强以从我，则是干<sup>⑤</sup>有夫之妇矣，其可乎？

姑就诗韵言之。如"东"、"冬"韵，无入声者也，今人尽调之以东、董、冻、督。夫"督"之为音，当附于都、睹、妒之下；若属之于东、董、冻，又何以处夫都、睹、妒乎？若东、都二字，俱以"督"字为入声，则是一妇而两夫矣。三江无入声者也，今人尽调之以江、讲、绛、觉，殊不知"觉"之为音，当附于交、绞、教之下者也。

诸如此类，不胜其举。然则如之何而后可？曰：鳏者听其鳏，寡者听其寡，夫妇全者安其全，各不相干而已矣。（东、冬、欢、桓、寒、山、真、文、元、渊、先、天，庚、青、侵、盐、咸诸部，皆无入声者也。屋、沃内如秃、独、鹄、束等字，乃鱼、虞韵，纳都、图等字之入声。卜、木、六、仆等字，乃五歌部之入声。玉、菊、狱、育等字，乃尤部之入声。三觉、十药，当属于萧、肴、豪。质、锡、职、缉，当属于支、微、齐。质内之橘、卒，物内之郁、屈，当属于虞、鱼。物内之勿、物等音，无平上去者也。讫、乞等四支之入声也。陌部乃佳、灰之半、开、来等字之入声也。月部之月、厥、阙、谒等，及屑、叶二部。古无平上去，而今则为中州韵<sup>⑥</sup>，内车、遮诸字之入声也。伐、发等字。及曷部之括、适，及八黠全部，又十五合内诸字，又十七洽全部，皆六麻之入声也。曷内之撮、阔等字，合部之合、盒数字。皆无平上去者也。若以缉、合、叶、洽为闭口韵⑦。则止当谓之无平上去之寡妇，而不当调之以侵、寝、缉、咸、喊、陷、洽也。）

石天外曰: 中州韵无入声, 是有夫无妇, 天下皆成旷夫⑧世界矣。

**【注释】**①平上去入: 汉语的四种声调。②平仄: 平声和仄声, 四声中的平声字为平, 上、去、入三声的字为仄。旧体诗文讲究声律, 要求平仄按一定格式交替, 使声调和谐。③隶: 附属, 归附。④鳏 (guān) 夫: 妻子死亡未再结婚的男人。⑤干: 冒犯。⑥中州韵: 指元代周德清撰著的《中原音韵》里的音韵体系, 也称"中原音韵"。⑦闭口韵: 音韵学中指以双唇音 m、b 收尾的韵母。⑧旷夫: 没有妻子的成年男子。《孟子·梁惠王下》:"内无怨女, 外无旷夫。"

**【译文】**古代把声调分为平声、上声、去声、入声, 是确定了的发音准则。然而, 入声字很少, 不能说所有的字都有四声。世人所说的平仄, 这个字没有入声的时候, 往往把不合韵的入声字归类于它。被归类的入声字, 如果没有平、上、去三声, 那就像是把寡妇配给鳏夫, 尚且说得过去。如果所附属的入声字本来就有平、上、去三声, 却要强行将其加入入声部, 便是冒犯有夫之妇, 这怎么行呢?

那么就以诗韵来说吧, 比如"东"、"冬"韵是没有入声的, 现在人们却把它们归类于东、董、冻、督。而"督"这个音, 应归到都、睹、妒之下, 如果将它归到东、董、冻之下, 那又怎么处置都、睹、妒这些字呢? 如果东、都二字都以"督"字为入声, 那就像是一个女子有两个丈夫。又如三江韵部是没有入声字的, 现在人们却把它归类于江、讲、绛、觉, 殊不知"觉"这个字应当归类于交、绞、教之下。

像这类情况不胜枚举。既然如此, 那么怎么处理才算合理呢? 我认为，鳏夫就让他当鳏夫，寡妇就让她当寡妇，夫妇双全的就让他们保持原样，互不相干就可以了。（东、冬、欢、桓、寒、山、真、文、元、渊、先、天、庚、青、侵、盐、咸诸部，都没有入声字。屋、沃部像秃、独、鹄、束等字，是鱼虞韵部里都、图等字的入声。卜、木、六、仆等字是歌部的入声。玉、菊、狱、育等字，是尤部的入声。觉部、药部，应当归类于萧、肴、豪。质、锡、职、缉，应当归类于支、微、齐。质内的橘、卒，物内的郁、屈，应当归类于虞、鱼，物内的勿、物等音，没有平、上、去三声。讫、乞等，是支部的入声。陌部是佳、灰的半、开、来等字的入声。月部的月、厥、阙、谒等以及屑、叶二部，古代没有平、上、去三声，如今成为中州韵中车、遮等字的入声。伐、发等字以及曷部的括、适及八个黠音，还有十五个合音诸字，十七个洽音，都是六个麻音的入声。曷部的撮、阔等字，合部的合、盒数字，都没有平、上、去三声。如果把缉、合、叶、洽作为闭口韵，那么只当作没有平、上、去三声的寡妇，而不应当归类于侵、寝、缉、咸、喊、陷、洽之下。）

# 099. 怒书、悟书和哀书

《水浒传》是一部怒书，《西游记》是一部悟书，《金瓶梅》<sup>①</sup>是一部哀书。

江含徵曰：不会看《金瓶梅》，而只学其淫，是爱东坡者，但喜吃东坡肉耳②。

殷日戒曰:《幽梦影》是一部快书。

朱其恭曰: 余谓《幽梦影》是一部趣书。

庞天池曰③:《幽梦影》是一部恨书,又是一部禅书。

【注释】①《金瓶梅》:是明代长篇白话世情小说,是中国第一部个人创作的章回体长篇小说。其成书时间大约在明隆庆至万历年间,作者兰陵笑笑生。被列为明代"四大奇书"之首,问世后曾被改编为多种戏曲。②但喜吃东坡肉耳:典出《雅谑》:"陆宅之善谑,每语人曰:'吾甚爱东坡。'或问曰:'东坡有文,有赋,有字,有东坡巾,君所爱何者?'陆曰:'吾甚爱一味东坡肉。'闻着大笑。"③此则评语据清刊本补。

【译文】《水浒传》是一部愤世嫉俗的书,《西游记》是一部感悟生命的书,《金瓶梅》是一部凄婉悲哀的书。

# 100. 读书最乐

读书最乐。若读史书则喜少怒多。究之,怒处亦乐处也。

张竹坡曰: 读到喜怒俱忘,是大乐境。

陆云士曰: 余尝有句云:"读《三国志》,无人不为刘①; 读南宋书②,

无人不冤岳③。"第人不知怒处亦乐处耳。怒而能乐，惟善读史者知之。

【注释】①刘：即刘备。三国蜀汉政权的建立者。②南宋书：指记叙南宋史书。③岳：即岳飞。南宋抗金名将。

【译文】读书是人生最快乐的事情。但如果读史书却是让人喜悦少，让人愤怒多。但仔细回味起来，这令人愤怒之处，未尝不是让人快乐之处。

# 101. 奇书与密友

发前人未发之论，方是奇书；言妻子难言之情，乃为密友。

孙恺似曰：前二语，是心斋著书本领。

毕右万曰：奇书我却有数种，如人不肯看何①？

陆云士曰：《幽梦影》一书所发者，皆未发之论；所言者，皆难言之情。欲语羞雷同②，可以题赠。

庞天池曰③：前句夫子自道也，后句夫子痴想也。

【注释】①如人不肯看何：人家不肯看，我有什么办法？②欲语羞雷同：意谓因羞于重复而不愿发言。语出唐杜甫《前出塞》九首之九："从军十年余，能无分寸功。众人贵苟得，欲语羞雷同。"③此则评语据清刊本补。

【译文】能发表前人没有发表过的观点的书，才称得上奇书；能相互倾诉对妻子儿女都难以启齿的心里话的人，才算得上知己。

# 102. 关于密友

一介之士①，必有密友，密友不必定是刎颈之交②。大率③虽千百里之遥，皆可相信，而不为浮言④所动；闻有谤之者，即多方为之辩析而后已；事之宜行宜止者，代为筹画决断；或事当利害关头，有所需而后济⑤者，即不必与闻，亦不虑其负我与否，竟为力承其事。此皆所谓密友也。

殷曰戒曰：后段更见恳切周详，可以想见其为人矣。

石天外曰：如此密友，人生能得几个？仆愿心斋先生当之。

【注释】①一介之士：一个普通人。一介，一个，多用于自谦。②刎颈之交：意谓可以同生共死的好朋友。语出《史记·廉颇蔺相如传》："卒相与驩，为刎颈之交。"③大率：大概，大致来说。④浮言：流言蜚语，没根据的话。⑤济：成功。

【译文】一个正直耿介人，一定有亲密的朋友，亲密的朋友不一定必须是同生共死的刎颈之交。亲密的朋友一般应该是即使远隔千里，也会彼此信任，不被流言所动摇；听到有诽谤朋友的话，就会从多角度进行解释、分析，直到彻底弄清楚为止；朋友遇事不决时，能够替朋友出主意，作决定；有时事情处在利害关头，需要得到支持时，就立即行动，既不必告诉对方，也不必考虑对方是否会辜负自己，全力为朋友承担这件事。做这些事的朋友就是我所说的亲密的朋友。

# 103. 风流自赏

风流自赏，只容花鸟趋陪；真率谁知，合①受烟霞供养。

江含徵曰：东坡有云："当此之时，若有所思而无所思。②"

【注释】①合：应该。②当此之时，若有所思而无所思：语出苏轼《书临皋亭》："东坡居士酒醉饭饱，倚于几上，白云左缭，清江右洄，重门洞开，林峦坌（bèn，聚合）入。当是时，若有所思而无所思，以受万物之备，惭愧！惭愧！"

【译文】潇洒风流孤芳自赏的人，只能容忍花鸟前来陪伴；真诚率直不求人知的人，应该饮露餐风远离世俗。

# 104. 难忘者名心一段

万事可忘，难忘者名心①一段；千般易淡②，未淡者美酒三杯。

张竹坡曰：是闻鸡起舞③，酒后耳热④气象。

王丹麓曰：予性不耐饮，美酒亦易淡。所最难忘者，名耳。

陆云士曰：惟恐不好名。丹麓此言，具见真处。

【注释】①名心：求取名誉的心情。②淡：淡漠，失去兴趣。③闻鸡起舞：出自《晋书·祖逖传》：东晋时祖逖和刘琨二人同为司州主簿，友情很深，常互相勉励振作，夜里听到鸡叫就起床舞剑，刻苦练武。后以"闻鸡起舞"比喻有志之士及时奋发自励。④酒后耳热：形容酒喝得意兴正浓的畅快神态。出自西汉杨恽《报孙会宗书》："酒后耳热，仰天拊缶，而呼乌乌。"

【译文】万事都可以忘却，难忘却是对功名利禄的追求；很多事都可以淡忘，不能淡忘的是"一醉解千愁"的美酒。

# 105. 芰荷与金石

芰<sup>①</sup>荷可食,而亦可衣<sup>②</sup>;金石可器,而亦可服<sup>③</sup>。

张竹坡曰:然后知濂溪<sup>④</sup>不过为衣食计耳。

王司直曰:今之为衣食计者,果似濂溪否?

【注释】①芰(jì):古时指菱。菱角和莲子都可以吃。②衣:芰叶和莲叶可以做成衣服穿。屈原《离骚》:"制芰荷以为衣兮,集芙蓉以为裳。"③服:道家有炼丹术,在炉鼎中烧炼金石药物,制成的丹药,据说服食可以祛病健体、得道成仙。④濂溪:即周敦颐,字茂叔,号濂溪,道州(今湖南道县)人,称濂溪先生,北宋思想家、理学家。其《爱莲说》为写莲的名篇。

【译文】菱角、莲子都可以吃,芰叶、莲叶还可以做服饰;金石等物都可做成器具,还可以炼制成丹药服用。

# 106. 宜于耳与宜于目

宜于耳复宜于目者,弹琴也,吹箫也;宜于耳不宜于目者,吹笙也,擪管①也。

李圣许曰:宜于目不宜于耳者,狮子吼②之美妇人也;不宜于目并不宜于耳者,面目可憎、语言无味之纨绔子也。

庞天池曰:宜于耳复宜于目者,巧言令色也。

【注释】①擪(yè)管:即擪笛、吹笛,唐元稹《连昌宫词》:"李謩擪笛傍宫墙,偷得新翻数般曲。"擪,用手指按压,字亦作"捻"。②狮子吼:形容那种说话恶声恶气、经常无理谩骂的妇人的声音。据宋洪迈《容斋随笔》卷三载:宋代陈慥,字季常,自称龙丘居士,是苏轼的朋友。陈妻柳氏性情泼悍善妒,他非常惧内。于是苏轼写了首《寄吴德仁兼简陈季常》开他的玩笑:"龙丘居士亦可怜,谈空说有夜不眠。忽闻河东狮子吼,拄杖落手心茫然。"河东为柳姓的郡望,比如唐代柳宗元世称柳河东,这里代指柳氏。狮子吼,佛家比喻佛祖讲经威严,声震世界,因为陈季常喜欢谈佛,所以借用这个佛学术语来戏称柳氏之怒。后人多用河东狮子来泛称悍妇、泼妇,用河东狮子吼来形容悍妇发怒叫骂,用季常之癖来代指惧内。

【译文】适合听又适合观看的是弹琴和吹箫；适合听不适合观看的是吹笙和摩笛。

# 107. 看晓妆

看晓妆宜于傅粉之后。

余淡心曰：看晚妆，不知心斋以为宜于何时？

周冰持<sup>①</sup>曰：不可说！不可说！

黄交三曰：水晶帘下看梳头<sup>②</sup>，不知尔时曾傅粉否？

庞天池曰：看残妆，宜于微醉后，然眼花缭乱矣。

【注释】①周冰持：即周稚廉，字冰持，号可笑人，江苏华亭（今上海松江）人。性疏狂，少年时以《钱塘观潮赋》得名。康熙中叶在扬州遇孔尚任，曾以诗唱和。所作传奇数十种，今存《珊瑚玦》《元宝媒》《双忠庙》三种，合刻为《容居堂三种》。②水晶帘下看梳头：出自唐元稹《离思》五首之二："山泉散漫绕阶流，万树桃花映小楼。闲读道书慵未起，水晶帘下看梳头。"

【译文】看女子清晨的梳妆，应在她涂了粉之后。

# 108.千古之相思者（一）

我不知我之生前，当春秋之季，曾一识西施否？当典午之时[1]，曾一看卫玠[2]否？当义熙[3]之世，曾一醉渊明否？当天宝[4]之代，曾一睹太真否？当元丰[5]之朝，曾一晤东坡否？千古之上，相思者不止此数人，而此数人则其尤甚者。故姑举之以概其余也。

杨圣藻曰：君前生曾与诸君周旋亦未可知，但今生忘之耳。

纪伯紫[6]曰：君之前生，或竟是渊明、东坡诸人，亦未可知。

王名友曰：不特此也！心斋自云"愿来生为绝代佳人！"[7]又安知西施、太真不即为其前生耶！

郑破水曰：赞叹爱慕，千古一情。美人不必为妻妾，名士不必为朋友，又何必问之前生也耶！心斋真情痴也。

陆云士曰：余尝有诗曰："自昔闻佛言，人有轮回事。前生为古人，不知何姓氏！或览青史中，若与他人遇！"竟与心斋同情，然大逊其奇快！

【注释】①典午之时：指晋朝。《三国志.蜀志.谯周传》："周语次，因书版示立'典午忽兮，月酉没兮。'典午者，谓司马也；月酉者，谓八月也。至八月而文王（司马昭）果崩。"晋帝姓司马氏，后因以"典午"指晋朝。②卫玠：字叔宝，西晋安邑人，风姿秀美，时人誉之为"玉人"。后避乱移家建业（今江苏南京），观者如堵。他本就体弱多病，这样一来病更重了，不久去世，当时只有二十七岁，时人因此称为"看杀卫玠"。③义熙：东晋安帝的年号（405-418年），陶渊明主要活动于这个时期。④天宝：唐玄宗年号（742-755年）。⑤元丰：宋神宗年号（1078-1085年），苏东坡在元丰年间被贬谪黄州。⑥纪伯紫：即纪映钟，字伯紫，又作伯子、蘖子，号戆叟，明末清初诗人，自称钟山遗老，江南上元（今江苏南京）人，明崇祯间有名诸生，金陵复社领袖。入清后躬耕养母，曾一度入天台为僧。著有《戆叟诗钞》《真冷堂诗稿》。⑦见本书第一九六条："我愿来世托生为绝代佳人，一反其局而后快。"

【译文】我不知道我的前世，在春秋时代，曾结识过西施没有？在西晋时，曾见过卫玠没有？在东晋义熙年间，曾与陶渊明一醉方休过没有？在唐朝天宝年间，曾经目睹过杨贵妃没有？在宋元丰年间，曾与苏东坡见过面没有？千古岁月，令我相思的并不只这几个人，之所以列出这几个人，是因为这几个人是我最为想念的。

# 109. 千占之相思者（二）

我又不知在隆万①时，曾于旧院②中交几名妓？眉公、伯虎、若士、赤水诸君③，曾共我谈笑几回？茫茫宇宙，我今当向谁问之耶？

江含徵曰：死者有知，则良晤匪遥。如各化为异物，吾未如之何也已！

顾天石曰：具此襟情，百年后当有恨不与心斋周旋者，则吾幸矣！

**【注释】**①隆万：明隆庆（明穆宗年号）、万历（明神宗年号）年间。隆庆、万历时期长达五十多年，政治荒废、党争激烈、经济发达、世风奢靡颓废，妓院极盛，士人们因此纵情于声色。②旧院：在南京，明朝时是妓院聚集的地方。据清代余怀《板桥杂记·雅游》中记载："旧院，人称曲中，前门对武定桥，后门在钞库街，妓家鳞次，比屋而居。"③眉公：陈继儒，字仲醇，号眉公，松江华亭（今上海松江区）人，是晚明隐士山人的代表人物。他工诗善文、能书画，短札小词也都极有风致，与董其昌齐名。有《眉公全集》《晚香堂小品》等。伯虎：唐寅，字伯虎，号六如居士、桃花庵主等。明代中期著名画家和文学家，有"江南第一风流才子"之称，并与沈周、文徵明、仇英合称为明四家。若士：汤显祖，字义仍，号若士，明代杰出的戏曲家、文学家，有《牡丹亭》等传世。赤水：即屠隆，字长卿，号赤水、鸿苞居士等，浙江鄞县人。明代戏曲家、文学家。著有《鸿苞集》《由拳集》《白榆集》《彩毫记》《昙花记》等。他的《娑罗馆清言·续娑罗馆清言》是一部出色的清言小品集。

**【译文】**我又不知道在明隆庆、万历年间，曾在秦淮河畔的烟花之地交往过几个名妓？曾经我和陈继儒、唐伯虎、汤显祖、屠隆这些名士谈笑过几回？茫茫宇宙，我现在应当向谁去问呢？

# 110. 文章锦绣同出一原

　　文章是有字句之锦绣，锦绣是无字句之文章，两者同出于一原。姑即其粗迹<sup>①</sup>论之，如金陵<sup>②</sup>，如武林<sup>③</sup>，如姑苏<sup>④</sup>，书林<sup>⑤</sup>之所在，即机杼<sup>⑥</sup>之所在也。

　　袁翔甫补评曰<sup>⑦</sup>：若兰回文<sup>⑧</sup>是有字句之锦绣也，落花水面是无字句之文章也。

　　**【注释】**①粗迹：谓大的事迹（典型）。②金陵：今南京。③武林：今杭州。④姑苏：今苏州。这几个地方是文化和丝织业、锦绣工艺都很发达的地方。⑤书林：刻书的书坊或藏书之处，泛指文化学术兴盛的地方。⑥机杼：织机，这里指纺织业，也比喻创作诗文的构思。⑦此则评语据《啸园丛书》本补。⑧若兰回文：指前秦窦滔的妻子苏蕙因其夫被徙流放，而织锦作《回文璇玑图诗》以赠之事。

　　**【注释】**华美的文章是有字有句的锦绣，华丽的锦绣是没有字句的文章，文章与锦绣同出一源。可以用以下的事迹证明，如南京、杭州、苏州，是出雅致文章的地方，也是出绚丽织品的地方。

# 111.《千字文》未备之字

　　予尝集诸法帖①字为诗，字之不复而多者，莫善于《千字文》②。然诗家目前常用之字，犹苦其未备。如天文之烟霞风雪，地理之江山塘岸，时令之春宵晓暮，人物之翁僧渔樵，花木之花柳苔萍，鸟兽之蜂蝶莺燕，宫室之台槛轩窗，器用之舟船壶杖，人事之梦忆愁恨，衣服之裙袖锦绮，饮食之茶浆饮酌，身体之须眉韵态，声色之红绿香艳，文史之骚赋题吟，数目之一三双半，皆无其字。《千字文》且然，况其他乎？

　　黄仙裳曰：山来此种诗，竟似为我而设。

　　顾天石曰：使其皆备，则《千字文》不为奇矣！吾尝于千字之外，另集千字，而已不可复得，更奇。

　　【注释】①法帖：专供书法爱好者临摹或欣赏的名家书法真迹的拓本或印本，如《淳化阁帖》《历代帝王名臣法帖》等。②《千字文》：是中国产生较早、使用时间最长、影响很大的蒙学课本，为南朝时梁人周兴嗣所编。梁武帝萧衍为教诸王学王羲之的书法，令周兴嗣拓取王羲之遗书中一千个不相同的字，编成一篇四言韵语的文章，这就是《千字文》。它以"天地玄黄，宇宙洪荒"开头，以"谓悟助者，焉哉乎也"结尾，全文共250句，每句四字，押韵对偶。内容涉及天文、地理、历史、农耕、园艺、饮食起居、修身养性、纲常礼教等各个方面。《千字文》问世后，历代书法名家竞相书写，如王羲之的七世孙智永禅师、怀素、欧阳询等都有真迹传世。

【译文】我曾经收集各种字帖的字凑成诗，字不重复而又多的，没有能超过《千字文》的了。就是这样了，作诗常用的字，还是苦于它不能备全。如天文方面的烟、霞、风、雪这几个字，地理方面的江、山、塘、岸这几个字，时令方面的春、宵、晓、暮这几个字，人物方面的翁、僧、渔、樵这几个字，花木方面的花、柳、苔、萍这几个字，鸟兽方面的蜂、蝶、莺、燕这几个字，宫室方面的台、槛、轩、窗这几个字，器物方面的舟、船、壶、仗这几个字，人事方面的梦、忆、愁、恨这几个字，衣服方面的裙、袖、锦、绮这几个字，饮食方面的茶、浆、饮、酌这几个字，身体方面的须、眉、韵、态这几个字，声色方面的红、绿、香、艳这几个字，文史方面的骚、赋、题、吟这几个字，数词方面的一、三、双、半这几个字，都无法找到。《千字文》尚且如此，何况是其他字帖呢？

# 112. 花不可见其落

花不可见其落，月不可见其沉，美人不可见其天①。

朱其恭曰: 君言谬矣! 洵②如所云, 则美人必见其发白齿豁而后快耶!

【注释】①夭: 夭折, 短命而死。②洵: 诚然, 实在。

【译文】不忍看见花卉飘落凋零, 不忍看见月亮沉沦东坠, 不忍看见佳人芳华早逝。

# 113. 实际与虚设

种花须见其开, 待月须见其满, 著书须见其成, 美人须见其畅适, 方有实际。否则皆为虚设。

王璞庵曰: 此条与上条互相发明②。盖曰花不可见其落耳, 必须见其开也。

【注释】①实际: 真实的情况。②发明: 阐发、发挥。

【译文】种花就要精心呵护直到看见花蕾绽放; 赏月的最佳时间就是月圆之时; , 著书就要有所见地, 成一家之言; 欣赏美人就要在她展颜欢笑之时, 这样才算得上真正感受到美, 否则皆是附庸风雅、徒有虚名。

# 114. 不传之作

惠施多方，其书五车①；虞卿②以穷愁著书，今皆不传。不知书中果作何语? 我不见古人，安得不恨!

王仔园③曰: 想亦与《幽梦影》相类耳!

顾天石曰: 古人所读之书，所著之书，若不被秦人烧尽，则奇奇怪怪，可供今人刻画者，知复何限? 然如《幽梦影》等书出，不必思古人矣。

倪永清曰: 有著书之名，而不见书，省人多少指摘!

庞天池曰: 我独恨古人不见心斋!

【注释】①惠施多方，其书五车: 语出《庄子·天下》:"惠施多方，其书五车。"惠施是战国时诸子百家中名家(逻辑学)的代表人物，博学多闻，著书(一说藏书)丰富，与庄子是好朋友。多方，指学识渊博。五车，是说书很多，写书用的竹简要用五辆车来拉。后人常用"学富五车"或"五车书"来比喻学识丰富。②虞卿: 战国时的游说之士。因游说赵孝成王，主张合纵抗秦，被赵王拜为上卿，接受相印，所以号为虞卿。他因穷愁而著书，"上采春秋，下观近世，曰节义、称号、揣摩、政谋，凡八篇，以刺讥国家得失，世传之曰《虞氏春秋》"，可惜已不传。③王仔园:

即王宾,字宾王,号仔园,陕西泾阳人,康熙二年举人,与孙枝蔚、汪耀麟、汪懋麟等人过往甚密。有《一草亭集》。

【译文】惠施知识渊博,读过的书有五车之多;虞卿即使陷入穷愁潦倒的境地还专心著书立说。可惜如今这些书都失传了,不知道书中到底写了些什么? 我不能亲眼见到这些古人,怎能不感到遗憾呢!

# 115. 山居得乔松百余章

以松花①为粮,以松实为香②,以松枝为麈尾③,以松阴为步障④,以松涛为鼓吹⑤。山居得乔松百余章⑥,真乃受用不尽。

施愚山⑦曰:君独不记曾有松多大蚁之恨耶!

江含徵曰:松多大蚁,不妨便为蚁王。

石外天曰:坐乔松下,如在水晶宫中,见万顷波涛,总在头上。真仙境也。

【注释】①以松花为粮:松花,据明代李时珍《本草纲目》记载,松花甘、温、无毒。采其花蕊为粉,即松花粉,又称松黄,可以入药、酿酒,亦可食。粮,同"粮",明人吴从先《小窗自纪》云:"数亩松花食有余,绝胜钟鸣鼎食。"②松实为香:松树的果实含有脂状物,称为松脂、松香等,可以入药、可以照明,有天然芳香。③麈尾:拂尘。古书上指鹿一类的动物，尾巴可以做拂尘。魏晋人清谈时常执的一种拂尘，此外指扇子。④步障：一种屏风，用来遮挡风尘或者隔离内外的屏幕。⑤鼓吹：古代的军中之乐，使用鼓、钲、箫、笳等演奏，规模大的分成若干部。这里泛指音乐或乐队演奏。⑥乔松：高大的松树。章，量词，这里相当于"棵"。⑦施愚山：即施闰章，字尚白，号愚山，又号蠖斋，晚号矩斋，江南宣城人，清初政治家、文学家。其诗以辞清句丽见长，据东南诗坛数十年，号"宣城体"，与宋琬齐名，时称"南施北宋"。有《学余堂文集》《学余堂诗集》《蠖斋诗话》《矩斋杂记》等。

【译文】用松树的花当粮食，用松树的果实作松香，用松树的枝叶作拂尘，用松树的树荫作步障，以松涛起伏的声音作为演奏的鼓乐。隐居的地方如果有百余棵大松树为伴，真是享用不尽、其乐无穷啊。

# 116. 玩月之法

玩月之法，皎洁则宜仰观，朦胧则宜俯视①。

孔东塘曰：深得玩月三昧②。

王安节曰③：皎洁，则登高冈峻岭，抚孤松，歌咏以观之；朦胧，则游平陆，与一二密友话旧以观之，似宜之中更有所宜。

【注释】①俯视：指俯瞰月下有朦胧之美的万物。②三昧：真谛、诀窍。③此则评语据清刊本补。

【译文】欣赏月色的方法是不同的，月色皎洁时适宜仰望观望，月色朦胧时适合俯首观赏。

# 117. 孩提之童

孩提之童①，一无所知，目不能辨美恶，耳不能判清浊，鼻不能别香臭。至若味之甘苦，则不第②知之，且能取之弃之。告子③以甘食、悦色为性。殆④指此类耳。

王子直曰⑤：可以不能者，天则听其不能；不可不能者，天即使之皆能。可见天之用心独周至。若告子之所谓食色，恐非此类。以五官之嗜好，皆本于性也。

袁翔甫补评曰⑥：于禽兽又何异焉。

【注释】①孩提之童：幼儿时期，需要人怀抱、提携的幼儿，一般指两三岁以内的孩子。②不第：不但，不只。③告子：战国时思想家，提出性无善恶论，并主张"食色，性也"，认为喜欢甘甜的饮食和美色，是人类的本性。④殆：大概。⑤此则评语据清刊本补。⑥此则评语据《啸园丛书》本补。

【译文】尚在襁褓中的幼儿，是什么都不知道的。他的眼睛不能辨别事物的美丑，耳朵不能识别声音的清浊，鼻子不能区别气味的香臭。但对于吃下去食物的味道是甜的还是苦的，不仅能够辨别，还懂得根据自己的喜好进行选择。告子认为爱吃好吃的食物、喜欢美色都源于人的本性，大概说的就是这类情况吧。

# 118. 凡事都有两面性

凡事不宜刻①，若读书则不可不刻；凡事不宜贪，若买书则不可不贪；凡事不宜痴，若行善则不可不痴。

余淡心曰：读书不可不刻，请去一读字，移以赠我，何如？

张竹坡曰：我为刻书累，请并去一不字。

杨圣藻曰：行善不痴，是邀名矣。

【注释】①刻：作者所说的苛刻、刻苦之意。余淡心所说的则是刻书、雕刻诗文之意。

【译文】凡事都不应该过于苛求，但如果是读书就不能不刻苦了；凡事都不应该过于贪婪，但如果是买书就要越多越好；凡事都不应该过于痴迷，但如果是做好事就要沉迷其中。

# 119. 酒、色、财、气

酒可好，不可骂座<sup>①</sup>；色可好，不可伤生<sup>②</sup>；财可好，不可昧心；气可好。不可越理。

袁中江曰：如灌夫使酒<sup>③</sup>，文园病肺<sup>④</sup>，昨夜南塘一出<sup>⑤</sup>，马上挟章台柳归<sup>⑥</sup>，亦自无妨，觉愈见英雄本色也。

王宓草曰：可以立品，可以养生，可以治心。

【注释】①骂座：即辱骂同席的人。②伤生：指纵欲过度而损害身体。③灌夫使酒：据《史记·魏其武安侯列传》载：西汉的将军灌夫为人刚直，好使酒任气，常得罪权势在自己之上的人。他和失势的魏其侯窦婴交好。窦婴与当权的丞相武安侯田蚡有积怨，灌夫因此也与田蚡不和。一次三人共同赴宴，灌夫看不惯田蚡傲慢无礼，就借行酒之机大骂临汝侯灌贤，意在辱骂田蚡，田蚡于是抓起灌夫，弹劾他"骂坐不敬"，结果灌夫被族诛。④文园病肺：文园，即司马相如，因其曾任孝文园令而得名。患有虚劳消渴症，故称他"病肺"。《西京杂记》载，"长卿素有消渴症，及还成都，悦文君之色，遂以发痼疾。乃作《美人赋》，欲以自刺，而终不能改，卒以此疾至死。"这里以"文园病肺"作为好色伤生的例子。⑤昨夜南塘一出：指东晋祖逖事。据《世说新语·任诞》载：祖逖刚过江时，公私生活上都很节俭清贫，没有好的衣服珍玩。一次，王导、庾亮等人去拜访他，忽见他裘袍重叠，珍饰盈列，感到很奇怪，就问其缘故，祖逖说："昨夜复南塘一出。"意思是昨夜又去打劫了一次。这是好财而不昧心。⑥马上挟章台柳归：唐韩翃有姬柳氏，安史之乱时留居长安，为蕃将沙咤利劫去。韩为平卢节度使侯希逸书记，派人寄诗给柳曰："章台柳，章台柳，昔日青青今在否？纵使长条似旧垂，亦应攀折他人手。"后来侯希逸部将许俊以韩翃写的纸条为凭，诈入沙咤利帐中，将柳氏夺回，以归还韩翃。章台，汉代长安章台下街名，旧时用作妓院的代称。

【译文】可以贪杯好酒，但不能借酒撒泼；可以贪恋女色，但不能纵欲伤身；可以贪恋钱财，但不能赚昧良心钱；可以抒发愤慨，但不能丧失理智。

# 120. 退一步之法

文名可以当科第①，俭德可以当货财，清闲可以当寿考②。

聂晋人曰：若名人而登甲第，富翁而不骄奢，寿翁而又清闲，便是蓬壶三岛③中人也。

范汝受④曰：此亦是贫贱文人无所事事，自为慰藉云耳，恐亦无实在受用处也。

曾青藜⑤曰："无事此静坐，一日似两日。若活七十年，便是百四十。"⑥此是清闲当寿考注脚。

石天外曰：得老子⑦退一步法。

顾天石曰：予生平喜游，每逢佳山水辄留连不去，亦自谓可当园亭之乐。质之心斋，以为然否？

【注释】①科第：古代科举考试选取官吏后备人员时，分科录取，每科按成绩排列等第，称为科第。此处指参加科举考试中第，取得功名。②寿考：长寿。考，老。③蓬壶三岛：古代方士认为东海有蓬莱、方丈、瀛洲三座仙山，为神仙所居。因三座仙岛形如壶，故称。这里代指仙界。④范汝受：即范国禄，字汝受，号十山。屡试不第，游踪半天下，著有《十山楼稿》。⑤曾青藜：即曾灿，原名传灿，字青藜、止山，自号六松老人，江西省宁都县人。少有诗名，明亡，削发为僧，游闽、浙、两广间，母念之成疾，遂归。为"易堂九子"之一。有《六松堂文集》《止山集》《西崦草堂诗集》。又选海内名家诗二十卷为《过日集》。⑥"无事"诗：此为苏东坡诗。⑦老子：春秋战国时楚国人，著有《道德经》五千余言。

【译文】以文采出众而闻名天下，可以抵得上科举及第了；养成勤俭节约的品德，可以抵得上家财万贯了；拥有清净悠闲的生活，可以相当于长命百岁了。

# 121. 尚友古人

不独诵其诗、读其书①，是尚友古人②，即观其字画，亦是尚友古人处。

张竹坡曰：能友字画中之古人，则九原③皆为之感泣矣！

【注释】①诵其诗、读其书：语出《孟子·万章下》：“颂其诗，读其书，不知其人，可乎？是以论其世也，是尚友也。”颂，通“诵”。孟子是讲交友的方法。②尚友古人：上与古人为友。尚，通“上”。③九原：山名，在今山西新绛县北。相传春秋时晋国卿大夫的墓地在此，后世因称墓地为九原。

【译文】不仅仅吟诵古人的诗歌，研究古人的著作，是上与古人做朋友；就是欣赏他们的字画，也是上与古人做朋友的方式。

## 122. 斋僧与祝寿

无益之施舍,莫过于斋僧①；无益之诗文,莫甚于祝寿。

张竹坡曰：无益之心思,莫过于忧贫；无益之学问,莫过于务名。

殷简堂曰：若诗文有笔资,亦未尝不可。

庞天池曰：有益之施舍,莫过于多送我《幽梦影》几册。

【注释】①斋僧：把饭食施舍给僧人。

【译文】没有什么比把饭食施舍给僧人更毫无意义的施舍了,没有什么比作祝寿诗词更毫无意义的诗词文章了。

## 123. 妾美不如妻贤

妾美不如妻贤,钱多不如境顺。

张竹坡曰：此所谓竿头欲进步者。然妻不贤安用妾美,钱不多那得境顺?

张迂庵曰: 此盖谓二者不可得兼, 舍一而取一者也。又曰: 世固有钱多而境不顺者。

【译文】有再多貌美的侍妾也不如有一位贤惠的妻子, 就算家财万贯也不如家事和顺。

# 124. 创新庵与读生书

创新庵①不若修古庙, 读生书不若温旧业。

张竹坡曰: 是真会读书者, 是真读过万卷书者, 是真一书曾读过数遍者。

顾天石曰: 惟《左传》《楚辞》、马、班、杜、韩之诗文②, 及《水浒》《西厢》《还魂》③等书, 虽读百遍不厌。此外, 皆不耐温者矣。奈何!

王安节④曰: 今世建生祠⑤, 又不若创茅庵。

【注释】①庵: 小的庙宇, 多为尼姑居住修行的地方。②马: 即司马迁, 字子长, 西汉中书令, 著《史记》。班: 即班固, 字孟坚, 汉扶风安陵人, 著《汉书》。杜: 即杜甫, 字子美, 唐代诗人, 有《杜工部集》。韩: 即韩愈, 字退之, 唐代文学家、诗人, 有《昌黎先生集》。③还魂: 指汤显祖的传奇《牡丹亭还魂记》, 简称《牡丹亭》。④王安节: 即王概，又作王槩，字安节，秀水（今浙江嘉兴）人，寓居金陵（今南京），工诗善画，以山水画名于世。编《芥子园画传》。兄王蓍，初名尸，字宓草。与当时名流汤燕生、李渔、程邃、孔尚任、周亮工等交往。因喜结交达官贵人，时人称之"天下热客王安节"。有《山飞泉立草堂集》《学画浅说》。⑤生祠：旧时指为还活着的人所修建的祠堂。

【译文】建造新的庙宇不如修缮旧的庙宇，阅读新书籍不如温习已经读过的书籍。

# 125.字与画同出一原

字与画同出一原，观六书①始于象形②，则可知已。

江含徵曰：有不可画之字，不得不用六法也。

张竹坡曰：千古人未经道破，却一口拈出。

【注释】①六书：古代分析汉字而归纳出的六种条例，即指事、象形、形声、会意、转注、假借。②始于象形：许慎认为最早出现的汉字是象形文字："仓颉之初作书也，盖依类象形，故谓之文。其后形声相益，即谓之字。"

【译文】文字和绘画同出于一个源头，从象形、指事、会意、形声、转注、假借这六种造字法是来源于象形文字，便可明白了。

# 126.忙人与闲人之园亭

忙人园亭, 宜与住宅相连; 闲人园亭, 不妨与住宅相远。

张竹坡曰: 真闲人, 必以园亭为住宅。

**【译文】**忙碌之人的花园亭榭最好与自己的住处连在一起, 清闲之人的花园亭榭则不妨离自己的住处远一些。

# 127.可以当与不可以当

酒可以当茶, 茶不可以当酒; 诗可以当文, 文不可以当诗; 曲可以当词, 词不可以当曲; 月可以当灯, 灯不可以当月; 笔可以当口, 口不可以当笔; 婢可以当奴①, 奴不可以当婢。

江含徵曰: 婢当奴则太亲, 吾恐忽闻河东狮子吼耳!

周星远曰: 奴亦有可以当婢处, 但未免稍逊耳。近时士大夫往往耽此癖②。吾辈驰骛③之流，盗此虚名，亦欲效颦相尚。滔滔者，天下皆是也，心斋岂未识其故乎？

张竹坡曰：婢可以当奴者，有奴之所有者也；奴不可以当婢者，有婢之所同有，无婢之所独有者也。

弟木山曰：兄于饮食之顷，恐月不可以当灯。

余湘客曰：以奴当婢，小姐权时④落后也。

宗子发⑤曰：惟帝王家不妨以奴当婢，盖以有阉割法也。每见人家奴子出入主母卧房，亦殊可虑。

【注释】①奴：指男仆。②此癖：指喜好男色之风习。③驰骛：奔走。④权时：暂时，临时。⑤宗子发：即宗元豫，字子发，号半石，江苏泰州人，宗元鼎从弟。与宗元鼎、宗观、宗元豫、宗瑾、宗之瑜并称为"扬州五宗"。明末清初学者。潜心经史，亦工诗文。著述颇丰，有《两汉文删》《古诗赋删》《卧游录》《焚余稿诗文》《志小录》等。

【译文】甘冽香醇的美酒可以当清茶来品尝，而清香扑鼻的清茶却不能代替美酒来寄兴消愁；韵味悠长的诗可以当文章来阅读，而辞藻华丽的文章却不能代替诗的意境与韵律；抒情细腻的散曲可以当词来唱和，而清新典雅的词却不能当散曲来演艺；皎洁清丽的月光可以代替灯火来照明，而明亮耀眼的灯火却不能与月色相媲美；书写可以代替说话来传情达意，而说话却不能代替书写来作画成章；粗壮结实的婢女可以当男仆做些日常粗活，而身强体健的男仆却不能代替婢女来使唤。

# 128. 酒剑消不平

胸中小不平，可以酒消之；世间大不平，非剑不能消也。

周星远曰：看剑引杯长[1]，一切不平皆破除矣。

张竹坡曰：此平世的剑术，非隐娘[2]辈所知。

张迂庵曰：苍苍者未必肯以太阿假人[3]，似不能代作空空儿[4]也。

尤悔庵曰：龙泉[5]太阿，汝知我者，岂止苏子美[6]以一斗读《汉书》耶！

**【注释】** ①看剑引杯长：语出杜甫《夜宴左氏庄》："检书烧烛短，看剑引杯长。" ②隐娘：女侠聂隐娘，唐裴铏（xíng）所撰传奇《聂隐娘》的主人公，身怀剑术绝技，屡助陈许节度使刘昌裔脱险。 ③苍苍者：指天。太阿：古代宝剑名，也作"泰阿"，相传为春秋时欧冶子或干将所铸。《越绝外传·记宝剑》云："欲知太阿，观其纹，巍巍翼翼，如流水之波。" ④空空儿：即妙手空空儿，《聂隐娘》中剑术如神的刺客，"人莫能窥其用，鬼莫得蹑其踪，能从空虚而入冥，善无形而灭影"。 ⑤龙泉：古代宝剑名。与太阿齐名的宝剑。 ⑥苏子美：即苏舜钦，字子美，北宋诗人，有《苏学士文集》。据宋代龚明之《中吴纪闻》载，苏舜钦住在岳父杜正献家，每天晚上读书都要喝掉一斗酒。杜正献派人密察之，听到他读《汉书·张良传》，至精彩处就抚案慨叹，并满饮一大白。杜正献公知道后，大笑道："有如此下酒物，一斗诚不为多也。"

【译文】个人胸中愤懑不平，可以用借酒消愁的方式来化解；世界上的不公平、不公正，就非得用武力抗争才能消除。

# 129. 宁以口，毋以笔

不得已而谀①之者，宁以口，毋以笔；不可耐而骂之者，亦宁以口，毋以笔。

孙豹人②曰：但恐未必能自主耳！

张竹坡曰：上句立品，下句立德。

张迂庵曰：匪惟立德，亦以免祸。

顾天石曰：今人笔不谀人，更无用笔之处矣。心斋不知此苦，还是唐、宋以上人耳！

陆云士曰：古笔铭曰："毫毛茂茂，陷水可脱，陷文不活。"正此谓也。亦有谀以笔而实讥之者，亦有骂以笔而若誉之者。总以不笔为高。

【注释】①谀：谄媚，奉承。②孙豹人：孙枝蔚，亦叫孙八，字叔发，号豹人，陕西三原人，清初著名诗人。初为盐商，后弃商习文，竟以诗、词、文知名当世，是客居扬州的清初关中遗民诗群中存诗量最多的诗人。著有《溉堂集》。

【译文】迫不得已要奉承别人时，宁愿用口也不要形诸笔墨；无法忍耐而要骂人时，口头教训就行了，千万不要用笔谴责。

# 130. 未必

多情者必好色，而好色者未必尽属多情；红颜者必薄命，而薄命者未必尽属红颜；能诗者必好酒，而好酒者未必尽属能诗。

张竹坡曰：情起于色者，则好色也，非情也。祸起于颜色者，则薄命在红颜，否则亦止曰命而已矣！

洪秋士曰：世亦有能诗而不好酒者。

【译文】多情的人一定爱好女色，而爱好女色的人却不一定都多情；美丽的女子一定都命运不济，而命运不济女子却不一定都美丽；能写出好诗的人一定爱好喝酒，而爱好喝酒的人却不一定都能写出好诗。

# 131. 花木的影响

梅令人高，兰令人幽，菊令人野，莲令人淡，春海棠<sup>①</sup>令人艳，牡丹令人豪，蕉与竹令人韵，秋海棠<sup>②</sup>令人媚，松令人逸，桐令人清，柳令人感。

张竹坡曰：美人令众卉皆香，名士令群芳俱舞。

尤谨庸曰：读之惊才绝艳，堪采入《群芳谱》<sup>③</sup>中。

吴宝崖曰<sup>④</sup>：《幽梦影》令人韵。

陈留溪曰<sup>⑤</sup>：心斋种种著作，皆能令人馋。

【注释】①春海棠：即海棠，春季开红或白色花，花色娇艳。②秋海棠：多年生草本观赏植物，秋天开红色花，也叫八月春、断肠花。③《群芳谱》：全称《二如亭群芳谱》，明代王象晋编撰，是一本专门介绍蔬果、茶、药、花木的著作。二如：孔子曾说"吾不如老农"、"吾不如老圃"，王象晋将"不"字去掉，自谓如老农、如老圃，是为"二如"。④、⑤此两则评语据清刊本补。

【译文】梅花令人高洁，兰花令人优雅，菊花令人质朴，莲花令人淡泊，春海棠令人艳丽，牡丹令人豪壮，芭蕉与翠竹令人诗意盎然，秋海棠令人妩媚，松树令人超逸，梧桐令人清高，柳树令人感动。

# 132. 能感人的事物

物之能感人者，在天莫如月，在乐莫如琴，在动物莫如鹃，在植物莫如柳。

王宓草曰: 于垂柳下对月弹琴，或闻杜鹃啼数声，此时令人百感交集。

袁翔甫补评曰: 问之物而物不知其所以然也，问之人而人亦不知其何以故也。

【译文】世间万物中最令人感动的，天空中以月亮为最，乐器中以琴为最，动物中以杜鹃为最，植物中以柳树为最。

# 133. 梅妻鹤子、樵婢渔奴

妻子颇足累人，羡和靖梅妻鹤子；奴婢亦能供职，喜志和樵婢渔奴①。

尤悔庵曰：梅妻鹤子，樵婢渔奴，可称绝对。人生眷属，得此足矣！

【注释】①志和：张志和，字子同，唐肃宗时待诏翰林，后隐居江湖，自称"烟波钓徒"。张志和博学多才，工诗善歌，书画、击鼓、吹笛皆佳，著有《玄真子》等，虽然隐居，名声仍很大。樵婢渔奴：据《新唐书·隐逸传，张志和》记载，唐肃宗赏赐给张志和奴、婢各一人，志和让他们结为夫妇，取名"渔童"、"樵青"。

【译文】妻子儿女是要负担的责任，真美慕林和靖以梅花为妻，以白鹤为子女，没有家庭负累；奴仆婢女也要各司其职，令人欣喜的是张志和以樵青为婢，以渔童为仆，享受隐居生活。

# 134. 涉猎与清高

涉猎①虽曰无用，犹胜于不通古今；清高固然可嘉，莫流于不识时务。

黄交三曰：南阳抱膝②时，原非清高者可比。

江含徵曰：此是心斋经济语。

张竹坡曰：不合时宜则可，不达时务，奚其可？

尤悔庵曰：名言！名言！

**【注释】**①涉猎：粗略地阅读，一般指读书多而不专。②南阳抱膝：南阳，代指诸葛亮。抱膝，手抱膝而坐，有所思的样子。据《三国志·诸葛亮传》注引《魏略》载，诸葛亮隐居时，与石广元、徐元直、孟公威等俱游学，"三人务于精熟，而亮独观其大略。每晨夜从容，常抱膝长啸，而谓三人曰：'卿三人仕进可至刺史郡守也。'三人问其所至，亮但笑而不言。"

**【译文】**一个人涉猎广泛虽说没有什么很大的用处，但还是比那些不通晓古今的人好多了；清高不俗固然值得肯定，但是不要发展成不识时务。

# 135. 美人的定义

所谓美人者，以花为貌，以鸟为声，以月为神，以柳为态，以玉为骨，以冰雪为肤，以秋水为姿，以诗词为心，吾无间然矣①。

冒辟疆曰：合古今灵秀之气，庶几铸此一人。

江含徵曰：还要有松蘖②之操才好。

黄交三曰：论美人而曰以诗词为心，真是闻所未闻！

**【注释】**①吾无间然矣：意思是我没有什么可挑剔的了。语出《论语·泰伯》："禹，吾无间然矣。"②蘖（niè）：即黄蘖，俗称黄柏，落叶乔木，木材坚硬，茎可制黄色染料，树皮可入药。

【译文】所谓美人，要有花一样美丽的容貌，鸟一样婉转的声音，月亮一般高洁的神态，柳枝一样婀娜的体态，美玉一般精巧的骨骼，冰雪一般无瑕的肌肤，秋水一样清澈的气质，诗词一样细腻的情感，这样我便没有什么可挑剔的了。

# 136. 不知以人为何物

蝇集人面，蚊嘬①人肤，不知以人为何物！

陈康畴曰：应是头陀②转世，意中但求布施也。

释菌人曰：不堪道破！

张竹坡曰：此《南华》③精髓也。

尤悔庵曰：正以人之血肉，只堪供蝇蚊咀嘬耳。以我视之，人也；自蝇蚊视之，何异腥膻臭腐乎？

陆云士曰：集人面者，非蝇而蝇；嘬人肤者，非蚊而蚊。明知其为人也，而集之嘬之，更不知其以人为何物！

【注释】①嘬：咬，叮。②头陀：原意为抖擞浣洗烦恼。佛教僧侣所修的苦行。后世也用以指行脚乞食的僧人。又作"驮都、杜多、杜茶"。

③《南华》：即《南华经》，也叫《南华真经》，是《庄子》的别名。唐玄宗天宝元年二月，封庄子为南华真人，《庄子》改称《南华真经》。

【译文】苍蝇聚集在人的脸上，蚊子叮咬人的皮肤，不知道它们把人当成了什么？

# 137. 有乐而不知享者

有山林隐逸之乐而不知享者，渔樵也，农圃①也，缁黄②也；有园亭姬妾之乐而不能享、不善享者，富商也，大僚③也。

弟木山曰：有山珍海错而不能享者，庖人也；有牙签玉轴④而不能读者，蠹鱼也，书贾也。

【注释】①农圃：老农是种五谷粮食的，老圃是种蔬菜果木的，农圃就是指农民。②缁黄：指和尚和道士。僧人穿黑色的僧衣——缁服，道士戴黄冠，因此以缁黄代指出家的僧徒道士。③大僚：大官。④牙签玉轴：卷型古书的标签和卷轴。借指书籍。牙，象牙；玉，美玉。形容书籍之精美。宋代刘瑗《宣和画谱·卷一二·山水三》载："父有方平日性喜书画，家藏万卷，牙签玉轴，率有次第。"也作牙签犀轴、牙签锦轴。这里代指书籍。

【译文】渔夫、樵夫、农夫、僧人和道士，他们生活在山林之中而不懂得享受其中的乐趣；家财万贯的商人和有权势的官僚拥有园林亭榭、娇妻美妾，却不知道享受或无法享受。

# 138. 物各有偶，拟必于伦

黎举云①："欲令梅聘海棠，枨子（想是橙）臣樱桃②，以芥③嫁笋。但时不同耳！"予谓物各有偶，拟必于伦④。今之嫁娶，殊觉未当。如梅之为物，品最清高；棠之为物，姿极妖艳。即使同时，亦不可为夫妇。不若梅聘梨花，海棠嫁杏。橼臣佛手⑤，荔枝臣樱桃。秋海棠嫁雁来红，庶几相称耳。至若以芥嫁笋，笋如有知，必受河东狮子之累矣。

弟木山曰：余尝以芍药为牡丹后，因作贺表一通。兄曾云："但恐芍药未必肯耳！"

石天外曰：花神有知，当以花果数升谢骞修⑥矣。

姜学在⑦曰：雁来红做新郎，真是个老少年也。

【注释】①黎举云：见唐冯贽《云仙杂记》卷三引《金城记》。原文为："黎举常云：'欲令梅聘海棠，枨子臣樱桃，以芥嫁笋，但恨时不同耳。'"②枨子：枨是木柱或木棒，这里因同音而借用作"橙"。臣：役使，统治。③芥：芥菜，蔬菜名，味道辛辣。④拟必于伦：将其相提

并论、成双配对，首先必须是同类的事物。这是化用《礼记·曲礼》中的
"儗人必于其伦"之语。⑤橼：即香橼、枸橼。佛手：其实就是枸橼的
变种，果实有裂纹，像人拳头。《本草纲目》记载："其实状如人手，有
指，俗呼为佛手柑。"⑥蹇修：传说为伏羲氏的臣子，专事婚姻、媒妁。
后代指媒人。语出《离骚》："解佩纕以结言兮，吾令蹇修以为理。"⑦姜学
在：即姜实节，字学在，号鹤涧、莱阳主人等，山东莱阳人。工诗，有《焚
馀草》。亦善画。其妾陈素素，自号二分明月女子，工诗善画，有《二分
明月集》。

**【译文】**黎举说："我想让梅树迎娶海棠为妻，让橙子向樱桃臣
服，把芥菜嫁给竹笋，但可惜的是它们生长在不同的季节！"我认为
万物都有自己的配偶，将其成双配对一定是要属于同一类事物。黎举
所说的嫁娶，我觉得很不合理。比如梅是品行清高脱俗的植物，而海
棠则是姿容绝艳的植物，即使开放的季节相同，也不能结为夫妻。不
如让梅花迎娶梨花，海棠嫁给杏花，香橼臣服于佛手，荔枝臣服于樱
桃，秋海棠嫁给雁来红，这样大致上就相配了。至于把辛辣的芥菜嫁
给竹笋，竹笋如果有知觉的话，必定要被泼辣妒悍的妻子折磨了。


# 139. 黑白之于五色


五色①有太过，有不及，惟黑与白无太过。

杜茶村<sup>⑦</sup>曰：君独不闻唐有李太白<sup>③</sup>乎？

江含徵曰：又不闻元之又元<sup>④</sup>乎？

尤悔庵曰：知此道者，其惟弈乎！老子曰："知其白，守其黑。"<sup>⑤</sup>

【注释】①五色：原指青黄赤白黑五色，古人认为这五种颜色是正色。这里泛指各种颜色。②杜茶村：即杜浚，原名诏先，字于皇，号茶村，湖北黄冈人。工诗文，尤以诗著称。著作大部分散佚，今存《变雅堂遗集》。③李太白：即李白，字太白，唐代大诗人，有《李太白集》。此处借"太白"谐音。④元之又元：即"玄之又玄"，此为避康熙名讳。《老子》首章："玄之又玄，众妙之门。"玄，意谓幽微深奥、不容易理解的道理。此处借指"玄"黑色义。⑤知其白，守其黑：出自老子《道德经》。道家主无为，言处世对是非黑白，虽白当如暗昧无所见。如是可以全生免祸，为天下法式。

【译文】各种颜色中，有的过于浓烈，有的过于暗淡，只有黑白两色才是最好的，不浓不淡刚刚好。

# 140. 多余的解释

许氏《说文》<sup>①</sup>分部，有止有其部而无所属之字者，下必注云："凡某之属，皆从某。"赘句殊觉可笑，何不省此一句乎？

谭公子曰: 此独民县②到任告示耳。

王司直曰: 此亦古史之遗③。

【注释】①许氏《说文》: 许氏, 即许慎, 字叔重, 汉召陵人, 东汉经学家、文字学家。所著《说文解字》, 共十四篇, 加《后序》共十五篇, 是中国古代第一部系统性的字书, 是研究中国文字学的基本工具书, 收九千多字, 以小篆为主体, 《说文解字》共分部首540个, 其中35个部首只有部首字本身而没有别的字, 叫无从属部。②独民县: 只有一个百姓的县。明末冯梦龙在《挂枝儿·谑部·山人》的评论中, 曾记录了一个笑话: 有个官员受吏部任命, 就任一个叫"独民县"的知县, 到任后发现, 全县人口只有一个人。③此亦古史之遗: 这句评语含义丰富, 一方面是讲, 张潮所指出的《说文解字》"赘句", 古人、古代史书没有发现, 有漏记; 另一方面是褒奖张潮, 说他像宋代苏辙撰《古史》以补《史记》遗漏一样, 修订了《说文解字》的疏失。苏辙在《古史》的"后叙"中说, 编撰《古史》的宗旨在于: "尧、舜、三代之遗意, 太史公之所不喻者, 于此而明; 战国君臣得失成败之迹, 太史公之所脱遗者, 于此而足。"

【译文】许慎的《说文解字》分的部首, 有的只有部首本身, 却没有从属于这个部首的字, 下面必定注释说: "凡是某部所属的字都归于某部。"这种多余的解释, 让人觉得很可笑, 为什么不省去这句话呢?

# 141. 痛快淋漓之事

阅《水浒传》，至鲁达打镇关西、武松打虎，因思人生必有一桩极快意事，方不枉在生一场。即不能有其事，亦须著得一种得意之书，庶几无憾耳！（如李太白有贵妃捧砚①事，司马相如有文君当垆②事，严子陵有足加帝腹③事。王之涣、王昌龄有旗亭画壁④事，王子安⑤有顺风过江作《滕王阁序》事之类。）

张竹坡曰：此等事，必须无意中方做得来。

陆云士曰：心斋所著得意之书颇多，不止一打快活林、一打景阳冈称快意矣。

弟木山曰：兄若打中山狼⑥，更极快意。

【注释】①李太白有贵妃捧砚：李白素以蔑视权贵、纵酒放诞著称，据说一次唐玄宗与杨贵妃在沉香亭赏牡丹，召李白作诗，李白醉酒，迫高力士拂纸磨墨，杨贵妃捧砚，立成十余章。后来游华山，"乘醉跨驴，经县治"，县宰责问他是什么人，李白写供状称："曾令龙巾拭吐，御手调羹，贵妃捧砚，力士脱靴。天子门前，尚容走马；华阴县里，不得骑驴！"县宰才知道是李白。这类故事在《酒史》《野客丛谈》《青琐高议》等书中都有记载。②司马相如有文君当垆（lú）：汉朝卓文君丧夫后家居，与司马相如相恋，一同私奔。后因家贫，二人返回卓文君家乡开了一个酒馆，文君当垆卖酒。"垆"又作鑪、罏，字义是酒店放置酒坛子的土台，借指酒、酒店。③严子陵有足加帝腹：严光，字子陵，汉代高士，少时曾与汉光武帝刘秀同学。刘秀即位后，召见严光，两人叙旧至深夜，便同榻而卧，严光的脚压在刘秀的肚腹上，结果第二天有官员上奏说"客星犯御坐甚急"，刘秀笑着说："朕故人严子陵共卧耳。"见《后汉书·逸民列传·严光传》。④王之涣、王昌龄有旗亭画壁：唐代薛用弱《集异记》载：开元年间，唐代诗人王之涣、王昌龄及高适三人一起在酒楼小饮。正遇歌伎演唱他们所写的绝句。歌伎每唱一首，他们即在墙上画一横线做记号，看谁的诗被唱得最多。⑤王子安：即王勃，字子安，初唐四杰之一。相传他在交趾探父的途中，到马当长江边时，得老船工相助，一夜顺风到达洪州（今江西南昌）。遇都督阎公九月九日在滕王阁大会宾客，即席作《滕王阁序》。全文辞藻华美，对仗工稳，满座大惊，宾主极为推崇。⑥中山狼：明马中锡《中山狼传》中的艺术形象，比喻恩将仇报的人。康熙三十八年，因恶人陷害，张潮一度入狱，他在《虞初新志·剑侠传》的评语中称："予尝遇中山郎，恨今世无剑侠，一往想之。"

【译文】读《水浒传》，读到鲁智深拳打镇关西和武松打虎的情节时，便引发感想，人一生中一定要做一件痛快淋漓的事情，才不枉在世上走一遭。就算做不了快意之事，也要著成一部引以为豪的书籍，这样大概就没有什么遗憾了吧！（像李太白奉诏作诗，有借醉酒让杨贵妃为他捧砚的狂事；司马相如潦倒，有卓文君为他当垆卖酒的佳话；严子陵与光武帝同榻，有把脚放在刘秀肚子上的轶事，王之涣、王昌龄在酒楼小酌，有曲旗亭画壁论诗名高低的雅事；王子安探父途中，有顺风过江作《滕王阁序》的快事之类的事情。）

# 142. 风的感受

春风如酒，夏风如茗，秋风如烟、如姜芥<sup>①</sup>。

许筠庵<sup>②</sup>曰：所以秋风客<sup>③</sup>气味狠辣。

张竹坡曰：安得东风<sup>④</sup>夜夜来！

【注释】①秋风如烟、如姜芥：有的版本在"如姜芥"前补了"冬风"二字，以凑齐四季之风。但据许筠庵评语"所以秋风客气味狠辣"来看，似以保留底本文字为宜。②许筠庵：即许承宣，字力臣，号筠庵，安徽歙县人，许承家之兄。康熙十五年进士，授官工科给事中。有《青岑文集》《宿影亭稿》等。③秋风客：秋风即拉关系求财，俗称打秋风，秋风客即指此种以求取资助或宴饮为目的的干谒者。④东风：即春风。

【译文】春风像酒一样令人沉醉，夏风像茶一样令人清爽，秋风像烟一样呛人，像生姜、芥末一样辛辣。

# 143. 关于冰裂纹

冰裂纹<sup>①</sup>极雅，然宜细不宜肥。若以之作窗栏，殊不耐观也。（冰裂纹须分大小，先作大冰裂，再于每大块之中作小冰裂，方佳。）

江含徵曰：此便是哥窑纹<sup>②</sup>也。

靳熊封<sup>③</sup>曰："一片冰心在玉壶"，可以移赠。

【注释】①冰裂纹：瓷器方面的术语。瓷器在烧制的过程中由于温度的不同，使瓷器表面产生裂纹，这本是瓷器、陶器烧制中的缺陷，但后来人们掌握其规律后，有意识地让器皿表面产生开片，从而形成一种特有的装饰图案，形如冰裂开后的花纹，故称冰裂纹，也称冰炸纹、开片。②哥窑纹：哥窑为宋瓷窑名，宋代五大名窑之一。哥窑瓷以胎细、质白、纹片著称。宋代哥窑瓷釉质莹润，釉面被粗深或者细浅的两种纹线交织切割，俗称"金丝铁线"。③靳熊封：即靳治荆，字熊封，号书樵，别号黄山长，疑其为康熙间治河名臣、兵部尚书靳辅之子，历任安徽歙县知县、江西吉安知府，有《思旧录》《金陵览古诗》等。

【译文】瓷器上的冰裂纹极其雅致，但纹路要细微，不能过于粗大。如果用冰裂纹来做窗栏的图案，那就很不经看了。（冰裂纹在结构上应分大小，先做出大的冰裂纹，然后再在每一大块的冰裂纹中做出细小的冰裂纹，这样看起来才美观。）

# 144. 鸟中的高十

鸟声之最佳者，画眉①第一，黄鹂、百舌次之②。然黄鹂、百舌。世未有笼而畜之者，其殆高士之俦③，可闻而不可屈者耶?

江含徵曰: 又有"打起黄莺儿"④者, 然则亦有时用他不着。

陆云士曰: "黄鹂住久浑相识，欲别频啼四五声。"⑤来去有情，正不必笼而畜之也。

【注释】①画眉: 鸟名，黄褐色，体长约六七寸，因为眼圈有一条白线，形如修长的眉毛而得名。鸣声婉转，常被人用笼子养起来欣赏。②黄鹂: 鸟名，也叫莺、黄莺、黄鸟等，体长七八寸，雄鸟毛羽金黄而有光泽。鸣声婉转动听，世人常以莺声燕语比喻女子声音娇俏。百舌: 鸟名，又名反舌鸟，体长约九寸，全身黑色，惟嘴黄，鸣声嘹亮，因其鸣声反复多变，如百鸟之音，所以得名。立春后鸣啭不已，夏至后即无声。百舌不能蓄养，如果关起来，入冬即死。③高士之俦: 与高人隐士同类。俦，同类。④打起黄莺儿: 出自唐金昌绪《春怨》: "打起黄莺儿，莫教枝上啼。啼时惊妾梦，不得到辽西。"⑤"黄鹂"两句: 出自唐戎昱《移家别湖上亭》:"好是春风湖上亭,柳条藤蔓系离情。黄莺住久浑相识,欲别频啼四五声。"浑,简直、如同之意。

**【译文】**鸟类中啼叫声最好听的,画眉第一,黄鹂、百舌其次。但是世上没有人能把黄鹂、百舌装在笼子里喂养,这大概是因为它们是与高人隐士属于同类,只可听其言,而不能屈服于人吧?

# 145. 累人与累己

不治生产,其后必致累人;专务交游①,其后必致累己。

杨圣藻曰:晨钟夕磬②,发人深省。

冒巢民③曰:若在我,虽累己累人,亦所不悔。

宗子发曰:累己犹可,若累人则不可矣。

江舍徽曰:今之人未必肯受你累,还是自家稳些的好。

**【注释】**①交游:结交朋友。②晨钟夕磬:和尚们早晨敲钟,晚上敲磬。犹如俗人所说的晨钟暮鼓,含有警世的意味。磬是佛教的打击乐器,形状像钵,用铜制成。③冒巢民:即冒襄。

**【译文】**不靠劳动创造财富的人,以后必然会拖累别人;一心只知结交朋友的人,以后只会牵累自己。

# 146. 淫秽，非识字之过

昔人云："妇人识字，多致诲淫。"①予谓此非识字之过也。盖识字则非无闻之人，其淫也，人易得而知耳。

张竹坡曰：此名士持身不可不加谨也。

李若金曰：贞者识字愈贞，淫者不识字亦淫。

【注释】①此句出自明代徐学谟《归有园麈谈》："妇人识字，多致诲淫；俗子通文，终流健讼。"诲，教。麈谈：执麈尾而清谈。

【译文】过去有人说："女子认识字，大多会淫荡不守贞操。"我认为如果女子淫荡，这不是认识字的过错。大概是因为这些女子识字则非无名之辈，只要她们不守贞操的话，别人是很快就能知道的。

# 147. 善读书与善游山水的人

善读书者，无之而非书：山水亦书也，棋酒亦书也，花月亦书也。善游山水者，无之而非山水：书史亦山水也，诗酒亦山水也，花月亦山水也。

陈崔山曰：此方是真善读书人，善游山水人。

黄交三曰：善于领会者，当作如是观。

江含徵曰：五更卧被时，有无数山水书籍在眼前胸中。

尤悔庵曰：山耶，水耶，书耶，一而二，二而三，三而一者也。

陆云士曰：妙舌如环，真慧业文人①之语。

**【注释】**①慧业文人：指有既通晓佛理又擅长文学的人。《宋书·谢灵运传》载："太守孟顗事佛精恳，而为灵运所轻，尝谓顗曰：'得道应须慧业文人，生天当在灵运前，成佛必在灵运后。'顗深恨此言。"但《宋书·谢灵运传》这段文字版本流传有歧义，《南史》卷四九八、《太平御览》卷五六四引"文人"作"丈人"，句读变为"得道应须慧业，丈人生天当在灵运前，成佛必在灵运后"，"丈人"指孟顗，语句更为通顺，但"慧业文人"已多被古人引用，已成为固定词组。

**【译文】**在善长读书的人的眼里，世间万物没有什么是不能学习阅读的：山水是书，棋酒是书，花月也是书。对于善长游览山水的人来说，世间万物没有什么不是山水：书史是山水，诗酒是山水，花月中也是山水。

# 148. 雕绘琐屑莫如朴素

园亭之妙，在丘壑布置，不在雕绘琐屑①。往往见人家园亭，屋脊墙头，雕砖镂瓦，非不穷极工巧，然未久即坏，坏后极难修葺，是何如朴素之为佳乎？

江含徵曰：世间最令人神怆②者，莫如名园雅墅，一经颓废，风台月榭，埋没荆棘。故昔之贤达，有不欲置别业者。予尝过琴虞，留题名园句有云："而今绮砌雕阑在，剩与园丁作业钱。"盖伤之也。

弟木山曰：予尝悟作园亭与做光棍③二法：园亭之善，在多回廊；光棍之恶，在能结讼。

【注释】①雕绘琐屑：在那些细小的地方雕镂和彩绘图案。②怆：悲伤。③光棍：这里指地痞，无赖。《石点头·卷八》载："被这班吃白食的光棍，上船搜出，一窝蜂赶上来，打的打，抢的抢，顷刻搬个罄空。"

【译文】园林亭榭的妙处，在于整体的布局，而不是在精雕细刻上。我往往看见别人修建的园林亭榭在屋脊墙头雕砖镂瓦，极尽精工巧琢，只是用不了多久就被风雨侵蚀败坏了，坏了以后又特别难修，这哪能比得上那些质朴素雅的好呢？

# 149. 清宵良夜

清宵<sup>①</sup>独坐，邀月<sup>②</sup>言愁；良夜孤眠，呼蛩<sup>③</sup>语恨。

袁士旦曰：令我百端交集。

黄孔植曰：此逆旅无聊之况，心斋亦知之乎？

【注释】①清宵：清静的夜晚。②邀月：这里化用李白《月下独酌》中的诗句："举杯邀明月，对影成三人。"③蛩（qióng）：蟋蟀。化用宋玉《九辩》的句子："独申旦而不寐兮，哀蟋蟀之宵征。"

【译文】清幽的夜晚，独自长坐，只能邀请天上的明月来听我诉说愁事；美好的夜晚，孤枕而眠，只能呼唤草丛中的蟋蟀来听我诉说忧伤。

# 150. 官声采于舆论

官声<sup>①</sup>采于舆论，豪右之口与寒乞之口俱不得其真<sup>②</sup>；花案定于成心③，艳媚之评与寝陋④之评概恐失其实。

黄九烟曰：先师⑤有言："不如乡人之善者好之，其不善者恶之。"

李若金曰：豪右而不讲分上⑥，寒乞而不望推恩者，亦未尝无公论。

倪永清曰：我谓众人唾骂者，其人必有可观。

【注释】①官声：做官的声誉。②豪右：豪门望族，大富人家。汉魏六朝时重视门第之别，古以右为尊，所以豪门大姓称为右姓或右族。寒乞：极其贫困潦倒的人。此指贫贱小民。③花案：明清时文士好在青楼冶游，对妓女色艺进行品评，定其名次的名单，叫作花案。余怀《板桥杂记·丽品》："品藻花案，设立层台，以坐状元。"一些清代小说中有品评花案之事的描写。成心：即诚心，但这里指公正无私之心。④寝陋：容貌丑恶。⑤先师：指孔子。下面所引出自《论语·子路》："子贡问曰：'乡人皆好之，何如？'子曰：'未可也。''乡人皆恶之，何如？'子曰：'未可也。不如乡人之善者好之，其不善者恶之。'"意思是全乡的好人都喜欢他，全乡的坏人都厌恶他才行。⑥分上：情分、情面。

【译文】官声政绩取决于百姓的评价，那些豪门望族和贫贱小民的评价，都会因个人的好恶而无法给出中肯的评价；歌妓名次的品评取决于人们的公正无私之心，那些被评定为美貌的和评定为丑陋的歌妓，恐怕都有失公允。

# 151. 城市与阎浮

胸藏丘壑，城市不异山林；兴寄烟霞，阎浮①有如蓬岛。

袁翔甫补评曰②："'旷达'二字由于天性，先生之风，山高水长。"

【注释】①阎浮：梵语"阎浮提"的简称。阎浮是佛经中说的一种树，阎浮提就是佛家所说四大部洲中的南赡部洲，因洲上阎浮树最多而得名。阎浮提原指印度，后泛指中华及东方各国，又称阎浮洲、阎浮界、阎浮世等，代指人所住之世界。②此则评语据《啸园丛书》本补。

【译文】只要胸怀山丘沟壑，身居闹市也与隐居山林没什么区别；只要寄兴于山水胜境，置身人间也就如身处蓬莱仙岛一样。

# 152. 俗言不足据

梧桐为植物中清品，而形家①独忌之，甚且谓"梧桐大如斗，主人往外走"，若竟视为不祥之物也者。夫剪桐封弟②，其为宫中之桐可知；而卜世③最久者，莫过于周。俗言之不足据，类如此大。

江含徵曰：爱碧梧者，遂艰于白锵④。造物盖忌之，故靳⑤之也，有何吉凶休咎之可关？只是打秋风⑥时光棍样可厌耳。

尤悔庵曰："梧桐生矣，于彼朝阳"⑦，诗⑧言之矣。

倪永清曰：心斋为梧桐雪千古之奇冤，百卉俱当九顿⑨。

【注释】①形家：即堪舆家，又称阴阳师、风水先生等，是以相度风水地形，为人选择宅基、墓地为业的人。②剪桐封弟：《史记·晋世家》载："成王与叔虞戏，削桐叶为珪以与叔虞，曰：'以此封若。'史佚因请择日立叔虞。成王曰：'吾与之戏耳。'史佚曰：'天子无戏言。言则史书之，礼成之，乐歌之。'于是遂封叔虞于唐。"后因以"桐叶封弟"指帝王封拜。唐柳宗元有《桐叶封弟辩》。亦省作"桐封"。③卜世：用占卜的方式预测国家传承的世数。泛指国运。④白锵（qiǎng）：亦作"白锵"，指白银。⑤靳：戏辱、奚落。出自《左传·庄公十一年》："宋公靳之。"杜预注："戏而相愧曰靳。"⑥打秋风：是明清常用俗语，指人借各种名义或关系讨取钱物。这里是形容穷汉借钱的样子。⑦梧桐生矣，于彼朝阳：出自《诗经·大雅·卷阿》："凤皇鸣矣，于彼高冈。梧桐生矣，于彼朝阳。"⑧诗：即《诗经》。⑨九顿：即九顿首，以头叩地的礼节。

【译文】梧桐是植物中清贵的品种，但风水先生却特别忌讳，甚至说："梧桐树干大如斗，主人搬家往外走"的话，这样看来竟是把它当作不吉利的事物。春秋时周成王剪桐叶封赏叔虞的故事，说明梧桐在宫廷中也是高贵之物。而国运最长的朝代，没有比周朝更久的了。所以民间说法不值得作为依据，大概就是这样的吧。

# 153. 执着

多情者不以生死易心，好饮者不以寒暑改量，喜读书者不以忙闲作辍<sup>①</sup>。

朱其恭曰：此三言者，皆是心斋自为写照。

王司直曰：我愿饮酒读《离骚》<sup>②</sup>，至死方辍，何如？

【注释】①辍：停止。②饮酒读《离骚》：《世说新语·任诞》载，王恭（孝伯）言："名士不必须奇才，但使常得无事，痛饮酒，熟读《离骚》，便可称名士。"

【译文】重感情的人，不会因为爱人的生死而轻易变心；喜好饮酒的人，不会因为天气的冷热变化而改变酒量；爱好读书的人，不会以忙碌或安闲为理由而影响阅读。

# 154. 敌国与附庸

蛛为蝶之敌国,驴为马之附庸。

周星远曰:妙论解颐①,不数晋人危语隐语②。

黄交三曰:自开辟以来,未闻有此奇论。

【注释】①解颐:开颜欢笑。颐,面颊。②不数:不亚于,不次于。危语:新奇、诡异的话。隐语:谜语。危语、了语、隐语等都是晋人喜欢的文字游戏。《世说新语·排调》:"桓南郡与殷荆州语次,因共作了语。顾恺之曰:'火烧平原无遗燎。'桓曰:'白布缠棺竖旒旐。'殷曰:'投鱼深渊放飞鸟。'次作危语。桓曰:'矛头淅米剑头炊。'殷曰:'百岁老翁攀枯枝。'顾曰:'井上辘轳卧婴儿。'殷有一参军在座,云:'盲人骑瞎马,夜半临深池。'殷曰:'咄咄逼人!'"桓即桓玄,殷即殷仲堪。

【译文】蜘蛛与蝴蝶就像一对敌国,驴是马的附庸。

# 155. 立品与涉世

立品须发乎宋人之道学①，涉世须参以晋代之风流②。

方宝臣③曰：真道学，未有不风流者。

张竹坡曰：夫子自道也。

胡静夫曰：予赠金陵前辈赵容庵句云："文章鼎立庄骚④外，杖履⑤风流晋宋间。"今当移赠山老。

倪永清曰：等闲⑥地位，却是个双料圣人。

陆云士曰：有不风流之道学，有风流之道学；有不道学之风流，有道学之风流，毫厘⑦千里。

【注释】①立品：培养品性德行。宋人之道学：宋代理学盛行，理学也称道学，是以讨论理气、心性等问题为中心的哲学思想。以程颢、程颐、朱熹为代表，以理为最高范畴，认为万事万物都是理所派生的。②涉世：经历世事，与人交往。晋代之风流：魏晋时期玄学、清谈盛行，名士们多有不拘礼法的放诞表现，后世称为魏晋风流。③方宝臣：即方淇苌，原名夏，改名兆玮，字宝臣，江南歙县（今属安徽）人。有《岫园诗稿》。④庄骚：指战国庄周之《庄子》，与屈原之《离骚》。⑤杖履：指扶杖漫步。⑥等闲：寻常，平常。⑦毫厘：两个很小的计量单位或微小的数量。

【译文】培养品行，应该发扬宋朝人的理学思想，立身处世，应该参照晋朝人的潇洒风流。

# 156. 草木亦知人伦

古谓禽兽亦知人伦<sup>①</sup>。予谓匪独禽兽也，即草木亦复有之。牡丹为王，芍药为相<sup>②</sup>，其君臣也；南山之乔，北山之梓<sup>③</sup>，其父子也；荆之闻分而枯，闻不分而活<sup>④</sup>，其兄弟也；莲之并蒂<sup>⑤</sup>，其夫妇也；兰之同心<sup>⑥</sup>，其朋友也。

江含徵曰：纲常伦理，今日几于扫地，合向花木鸟兽中求之。又曰：心斋不喜迂腐，此却有腐气。

【注释】①人伦：指人与人之间长幼尊卑的关系，主要就是下面所说的君臣、父子、夫妇、兄弟、朋友这五伦。②牡丹为王，芍药为相：明代李时珍《本草纲目·草部·牡丹》："群花品中，以牡丹第一，芍药第二，故世谓牡丹为花王，芍药为花相。"芍药被称为花相，还与一个有名的轶事"四相簪花宴"有关，据宋人沈括《梦溪笔谈》等书的记载，北宋庆历年间，韩琦以资政殿学士的身份镇守淮南，一天后花园中有一株芍药忽然开花，分成四枝，花色上下红、中间黄蕊相间，这种芍药后世称为"金缠腰"、"金系腰"或"金带围"。当时扬州还没有这个品种，韩琦觉得奇异，就想开一个宴会请三位客人和他一起观赏，以应四花之瑞。被请来的是当时任大理寺评事通判的王硅、任大理寺评事签判的王安石、任大理寺丞的陈升之，筵席间把四花剪下，四人各簪一枝。后来三十年间，四人都做到了宰相之位，后世分别称为韩魏公、王岐公、王荆公和陈秀公。③南山之乔，北山之梓：乔、梓是两种树木，据汉代《尚书大传·周传·梓材》载："伯禽与康叔见周公，三见而三笞之。康叔有骇色，谓伯禽曰：'有商子者，贤人也。与子见之。'乃见商子而问焉。商子曰：'南山之阳有木焉，名乔。'二三子往观之，见乔实高高然而上，反以告商子。商子曰：'乔者，父道也。南山之阴有木焉，名梓。'二三子复往观，见梓实晋晋然而俯，反以告商子。商子曰：'梓者，子道也。'二三子明日见周公，入门而趋，登堂而跪。周公迎拂其首，劳而食之，曰：'尔安见君子乎？'"因此儒家推此以为父权不可侵犯，似乔；儿子应卑躬屈节，似梓。后世即以乔梓来比喻父子。④荆之闻分而枯，闻不分而活：荆即紫荆，春天开红紫色花，一般种在庭院里供观赏。据南朝梁吴均《续齐谐记·紫荆树》载，有田氏兄弟三人分家产时，准备将堂前的一棵紫荆树也破成三份，结果此树忽然枯死，大哥田真对两个弟弟说："树木同株，闻将分斫，所以憔悴，是人不如木也。"因悲不自胜，兄弟们被感动，不再分家产，第二天荆树又鲜活如旧。后来以紫荆比喻兄弟。⑤莲之并蒂：并排地长在同一茎上的两朵花，称为并蒂，如并蒂莲、并蒂兰等，常用来比喻恩爱夫妻。⑥兰之同心：《周易·系辞上》："二人同心，其利断金。同心之言，其臭如兰。"后来人们就把情投意合的朋友称为金兰之交或兰交。

【译文】曾有古人说过禽兽也懂得伦理道德，我认为不只是禽兽，就是草木之间也存在伦理道德。牡丹是花中君王，芍药花中宰相，他们是君臣关系；南山的乔木，北山的梓木，他们是父子关系；荆树知道有人要把他们分开就会枯萎，不分开就能存活，他们是兄弟关系；莲花并蒂开放，他们是夫妇关系；兰花意气相投，他们是朋友关系。

# 157. 豪杰与文人

豪杰<sup>①</sup>易于圣贤，文人多于才子。

张竹坡曰：豪杰不能为圣贤，圣贤未有不豪杰。文人才子亦然。

**【注释】**①豪杰：才智勇力出众的人，《吕氏春秋·功名》："人主贤则豪杰归之。"注解说："才过百人曰豪，千人曰杰。"

**【译文】**做才华横溢的豪杰要比当流芳千古的圣贤容易多了，粗通文墨的文人要远远多于德才兼备的才子。

# 158. 牛与马，鹿与豕

牛与马，一仕而一隐也<sup>①</sup>；鹿与豕<sup>②</sup>，一仙而一凡也。

杜茶村<sup>③</sup>曰：田单之火牛<sup>④</sup>，亦曾效力疆场；至马之隐者，则绝无之矣。若武王归马于华山之阳<sup>⑤</sup>，所谓勒令致仕<sup>⑥</sup>者也。

张竹坡曰："莫与儿孙作马牛"，盖为后人审出处语也。

**【注释】**①仕：做官。隐：隐居。②豕（shǐ）：猪。③杜茶村：即杜浚，字于皇，号茶村、变雅堂等十余种，湖北黄冈人，后来移居金陵。有《茶村诗》《变雅堂文集》等。④田单之火牛：田单为战国时齐国人，《史记·田单列传》载，齐燕交战时，他把灌了油的芦苇系于牛尾，然后点燃，纵牛攻入敌阵，最后大破燕军。⑤武王归马于华山之阳：《尚书·武成》载，周武王联合各族力量灭商建周后，"乃偃武修文，归马于华山之阳，放牛于桃林之野，示天下弗服"。⑥致仕：亦作"致事"。旧时指辞官退休。

**【译文】**牛就像是任劳任怨的官吏，马就像是不受束缚的隐士；鹿就像是仙风道骨的神仙，猪就像是贪图安逸的凡人。

# 159. 名著皆心血所成

古今至文，皆血泪所致。

吴晴岩<sup>①</sup>曰：山老《清泪痕》<sup>②</sup>一书，细看皆是血泪。

江含徵曰：古今恶文，亦纯是血。

**【注释】**①吴晴岩：即吴肃公。②《清泪痕》：张潮所作组诗五十首。据陈鼎《心斋居士传》："其少妇死，作《清泪痕》五十律以哀之，属而和者能国。"张潮《曼殊别志书传跋》亦称："予亦复有长恨，间为诗五十首，名《清泪痕》，同人皆有赠挽诗歌。今读此，不觉触予旧恨也。"

**【译文】**从古至今，能流芳百世的好文章，都是用血泪著成的。

# 160. 情与才

情之一字，所以①维持世界；才之一字，所以粉饰②乾坤。

吴雨若③曰：世界原从情字生出。有夫妇，然后有父子；有父子，然后有兄弟；有兄弟，然后有朋友；有朋友，然后有君臣。

释中洲曰：情与才缺一不可。

**【注释】**①所以：用来，用以。②粉饰：涂饰表面，打扮，装饰，这里是说人类的聪明才智可以把人间点缀装饰得更好。③吴雨若：即吴肃公。

**【译文】**情是维持世间万物间关系的重要纽带；才是将世界修饰得更加美好的重要因素。

# 161. 自无而有与自有而无

孔子生于东鲁①，东者生方，故礼乐文章②，其道皆自无而有；释迦生于西方③，西者死地，故受想行识④，其教⑤皆自有而无。

吴街南曰：佛游东土，佛人生方；人望西天，岂知是寻死地？呜呼，西方之人兮，之死靡他⑥！

殷日戒曰：孔子只勉人生时用功，佛氏只教人死时作主，各自一意。

倪永清曰：盘古生于天心，故其人在不有不无之间。

【注释】①孔子：名丘，字仲尼，鲁国人。春秋末期思想家、政治家、教育家，儒家的创始人。东鲁：孔子是春秋鲁国陬邑（今山东曲阜）人，鲁国在中国的东部，故称东鲁。②礼乐文章：指儒家关于礼乐等方面的制度。文章，这里指制度、法度。③释迦：佛教创始人释迦牟尼，释迦牟尼是佛教徒对他的尊称，意为释迦族的圣人。印度位于中国的西方。④受想行识：佛教把色、受、想、行、识称为五蕴，又称五阴、五众，指人对外界的各种认识。这里提到四蕴，即受（情欲）、想（意念）、行（行为）、识（心灵），"识"为认识的主观要素，其余四蕴为认识的客观要素。⑤教：教义，教理。⑥之死靡他：本作"之死靡它"，意谓至死不变心，形容忠贞不二，也形容意志坚定。语出《诗经·鄘风·柏舟》，"髧彼两髦，实维我仪，之死矢靡它。"之，到。靡，没有。这里是以戏谑的方式使用此语。

【译文】孔子出生在东方的鲁国，东方是日出之方，事物蓬勃发展，所以儒家的礼乐文章，它们的发展规律都是从无到有。释迦牟尼出生在西方的印度，西方是日落之地，事物死寂沉没，所以佛家的受、想、行、识，它们的教义都是从有到无。

# 162. 山水与诗酒

有青山方有绿水，水惟借色于山；有美酒便有佳诗，诗亦乞灵①于酒。

李圣许曰：有青山绿水，乃可酌美酒而咏佳诗，是诗酒又发端于山水也。

【注释】①乞灵：本意指向神灵或权威求助，这里是指寻求灵感。

【译文】有青山才有绿水，因为只有青山才能显露出绿水的秀丽；有美酒就有好诗，因为只有美酒相伴时诗人才会灵感迸发。

# 163.讲学者

　　严君平①以卜讲学者也，孙思邈②以医讲学者也，诸葛武侯③以出师讲学者也。

　　殷日戒曰：心斋殆又以《幽梦影》讲学者耶？

　　戴田友④曰：如此讲学，才可称道学先生。

　　**【注释】**①严君平：即严遵，字君平，西汉隐士，蜀郡人。汉成帝时，卜筮于成都，日得百钱即闭门读《老子》，著书十余万言。他不愿做官，却宣扬忠君、孝悌等思想，蜀人对他很爱敬。《汉书》称他是"近古之逸民"。著有《道德真经指归》。②孙思邈：唐代医学家，京兆华原（今陕西耀县）人。一生致力于医学实践和研究，医术高超，著有《千金要方》《千金翼方》等，比较全面地总结了自上古至唐代的医疗经验和药学知识，并加入自己的心得。后世尊称他为"医圣"。他淡泊名利，以医生为终身职业，长期生活在民间，隋文帝、唐太宗、唐高宗等多次请他为官，均辞而不受。③诸葛武侯：即诸葛亮，字孔明，三国时蜀相。封武乡侯，故世称武侯。后世民间关于他的传说很多。他在著名的《出师表》中，表达了一系列修身治国主张。④戴田友：疑当作"戴田有"，即戴名世。字田有，一字褐夫，号南山，别号忧庵，清代文学家，"桐城派"

莫基人。著有《四书朱子大全》及大量散文,后人编成《戴南山先生全集》。

【译文】西汉隐士严君平是通过给人卜筮来宣传自己学说的学者,孙思邈是靠通过悬壶济世来宣传自己学说的学者,诸葛亮是通过出师用兵来宣传自己学说的学者。

# 164. 雌雄美丑谈

人则女美于男,禽则雄华①于雌,兽则牝牡②无分者也。

杜于皇③曰:人亦有男美于女者,此尚非确论。

徐松之④曰:此是茶村兴到⑤之言,亦非定论。

【注释】①华:这里指毛羽华美。②牝牡:走兽雌者为牝,雄者为牡。汉毛亨《诗传》:"飞曰雌雄,走曰牝牡。"③杜于皇:即杜浚。④徐松之:即徐崧,字松之,号瀤庵,吴江(今属江苏)人。有诗名,好游山水。与张大纯所辑《百城烟水》,体例仿宋祝穆《方舆胜览》,网罗甚广,熔方志、游记、诗集于一炉,体例新颖,文采亦佳。⑤茶村兴到:饮茶后的兴致。

【译文】人类中女性的外貌要比男性美丽,鸟类中雄性的羽毛要比雌性的华丽,兽类中则雌雄之间就没有什么差距了。

# 165. 无可奈何之事

镜不幸而遇嫫母[1]，砚不幸而遇俗子，剑不幸而遇庸将，皆无可奈何之事。

杨圣藻曰：凡不幸者，皆可以此概之。

闵宾连曰：心斋案头无一佳砚，然诗文绝无一点尘俗气，此又砚之大幸也。

曹冲谷[2]曰：最无可奈何者，佳人定随痴汉。

【注释】①嫫母：传说中黄帝之妻，貌极丑而贤德。后代称丑女。②曹冲谷：曹铨，字冲谷，号松茨，丰润（今属河北）人。官理藩院知事。有《雪窗诗集》。

【译文】镜子的不幸是遇上了丑陋不堪的女人，砚台的不幸是遇到了胸无点墨的凡夫俗子，宝剑的不幸是遇上了愚蠢庸碌的将领，这些都是无可奈何的事情。

# 166. 珍惜拥有的一切

天下无书则已，有则必当读；无酒则已，有则必当饮；无名山则已，有则必当游；无花月则已，有则必当赏玩；无才子佳人则已，有则必当爱慕怜惜。

弟木山曰：谈何容易，即吾家黄山①，几能得一到耶？

【注释】①吾家黄山：张潮是安徽歙县人，歙县位于黄山南麓，可说他的家就在黄山附近。余怀称他"天都张仲子"，他们兄弟对黄山也自称"吾家黄山"。由本条评语看，张氏兄弟此时仍未游过黄山。

【译文】世界上如果没有好书也就罢了，如果有就一定要认真阅读；没有美酒也就罢了，如果有就一定要开怀畅饮；没有名山大川也就罢了，如果有就一定要去观赏游览；没有花卉月色也就罢了，如果有就一定要欣赏把玩；没有才子佳人也就罢了，如果有就一定要爱慕呵护。

# 167. 岂可甘作鸦鸣牛喘

秋虫春鸟，尚能调声弄舌，时吐好音<sup>①</sup>；我辈搦管拈毫<sup>②</sup>，岂可甘作鸦鸣牛喘<sup>③</sup>？

吴菌次曰：牛若不喘，宰相安肯问之<sup>④</sup>？

张竹坡曰：宰相不问科律而问牛喘，真是文章司命<sup>⑤</sup>。

倪永清曰：世皆以鸦鸣牛喘为凤歌鸾唱，奈何？

【注释】①好音：悦耳动听的声音，语出《诗经·鲁颂·泮水》："翩彼飞鸮，集于泮林。食我桑葚，怀我好音。"②搦（nuò）管拈毫：指拿起笔来写文章。搦、拈都是握执之意，管和毫均代指笔。③鸦鸣牛喘：鸦声聒噪刺耳，牛因热气喘的声音充满痛苦，都不是好听的声音，比喻文辞拙劣。④宰相安肯问之：《汉书·丙吉传》，汉丞相丙吉尝出，路逢群斗死伤者横道，过而不问。又看到有人逐牛，牛因热而气喘吐舌，丙吉即派人问"逐牛行几里矣"。有人因此而批评丙吉问事轻重失当，丙吉回答，民斗相杀伤，是长安令、京兆尹所负责的事，"宰相不亲小事，非所当于道路问也"；而牛喘，恐怕有所伤害，影响农事，所以要过问。后用以指关心农事或庶民疾苦。⑤司命：掌管生命的神。这里指掌握别人命运的人。

【译文】秋天的虫、春天的鸟尚且能够吐出动听的声音,唱出美妙婉转的音调;我们这些舞文弄墨的人,难道就甘心像乌鸦乱叫、笨牛喘息那样,只会写些低劣的文章吗?

# 168. 使镜而有知

媸<sup>①</sup>颜陋质,不与镜为仇者,亦以镜为无知之死物耳。使镜而有知,必遭扑<sup>②</sup>破矣。

江含徵曰:镜而有知,遇若辈<sup>③</sup>早已回避矣。

张竹坡曰:镜而有知,必当化媸为妍。

【注释】①媸(chī):相貌丑陋,与"妍"相对。②扑:打,击。③若辈:这些人。

【译文】容貌丑陋、皮肤粗糙的人,是不会与镜子结仇的,是因为他们把镜子当作没有知觉的东西而已。但如果镜子有知觉的话,一定逃不过被打碎的命运。

# 169. 忍亦有限度

吾家公艺<sup>①</sup>，恃百忍以同居，千古传为美谈。殊不知忍而至于百，则其家庭乖戾睽隔<sup>②</sup>之处，正未易更仆数<sup>③</sup>也。

江含徵曰：然除了一忍，更无别法。

顾天石曰：心斋此论，先得我心。忍以治家可耳，奈何进之高宗，使忍以养成武氏<sup>④</sup>之祸哉？

倪永清曰：若用忍字，则百犹嫌少，否则以剑字处之，足矣。或曰："出家"二字足以处之。

王安节曰：惟其乖戾睽隔，是以要忍。

【注释】①吾家公艺：指唐代张公艺。因为同姓，所以张潮称他为"吾家公艺"。据《旧唐书·孝友传·刘君良传》载，张公艺是郓州寿张人，长寿之人，九世同居，历北齐、北周、隋、唐四代，寿九十九岁。麟德年间，唐高宗封泰山，路经寿张，亲幸其宅，问他们九世可以同居的缘由。张公艺书百余"忍"字作为回答，这就是后人所说的《百忍图》。②乖戾睽（kuí）隔：有矛盾，不和谐。乖戾，乖悖违戾，抵触而不一致。睽隔，分阂，别离。③更仆数：语出《礼记·儒行》："孔子对曰：'遽数之不能终其物，悉数之乃留，更仆未可终也。'"意思是说事情多，仓促之间说不完，如果要说完，非得久留不可，久谈则疲倦，连在旁边侍从的仆人都更换过了，也没能说完。后来用"更仆难数"、"更难仆数"、"更仆数"等来形容事物之繁多难尽。④武氏：即武则天。

**【译文】**我的本家张公艺，依靠百忍维持着九代同居的大家族，千百年来被传为美谈。却不知道忍耐到了这种程度，这个家族里的矛盾和隔阂，也是数都数不清楚了。

# 170. 割股、庐慕

九世同居，诚为盛事，然止当与割股、庐墓者作一例看①。可以为难②矣，不可以为法③也，以其非中庸④之道也。

洪去芜曰：古人原有父子异官⑤之说。

沈契掌曰：必居天下之广居而后可。

**【注释】**①割股：割下自己腿上的肉给君王父母食用，古时被认为是大忠大孝的表现。庐墓：古人于父母或师长死后，服丧期间在墓旁搭盖小屋居住，守护坟墓，谓之庐墓，这也被认为是孝的表现。《宋史·选举制一》："上以孝取人，则勇者割股，怯者庐墓。"这些都是封建社会的愚孝行为。②为难：难以应付为难的事情。③法：标准，规范。④中庸：不偏叫中，不变叫庸。儒家以中庸为最高的道德标准，待人接物不偏不倚，调和折中。⑤父子异官：父子分开居住。北齐颜之推《颜氏家训》云："父子之严，不可以狎；骨肉之爱，不可以简。简则慈孝不接，狎则怠慢生焉。由命士以上，父子异官，此不狎之道也；抑搔痒痛，悬衾箧枕，此不简之教也。"大意是古代规定，有官职的人家父子应该分开居住，使父子之间不狎近、不随意；儿子要关心父母的病痛，为其收拾卧具，以使骨肉之间不至于简慢疏忽。

【译文】能够做到九代同居，的确是一件了不起的事，然而也只能把它与割股疗亲、庐墓守丧这样的行为一同看待。可以把这些事视为难得，却不可以当作我们自身的行为准则，因为这些事都不符合儒家的中庸之道。

# 171. 作文之法

作文之法，意之曲折者，宜写之以显浅之词；理之显浅者，宜运之以曲折之笔；题之熟者，参之以新奇之想；题之庸者，深之以关系之论①。至于窘②者舒之使长，缛③者删之使简，俚者文之使雅④，闹者摄之使静，皆所谓裁制也。

陈康畴曰：深得作文三昧语。

张竹坡曰：所谓节制之师。

王丹麓曰：文家秘旨，和盘托出，有功作者不浅。

【注释】①深：这里作动词用，深入，深化。关系之论：事物间的深层联系或引申之义。②窘：穷困、贫乏，这里引申为简短。③缛：冗长，繁多。④俚：鄙俗。文：修饰。

【译文】写文章的方法有很多：应该用浅显易懂的词语来表达隐晦曲折的内容；运用曲折多变的笔法来阐述简单易懂的道理；用一些新颖奇妙的构思解决熟悉老套的题目，；深入挖掘那些题目比较平庸的题目。至于那些简短的文章，可以延展扩充，使之内容丰富；烦琐冗长的文章，可以删减修改，让内容简洁精炼；粗鄙通俗的文章，可以修饰润色，使内容优美文雅；喧哗吵闹的文章，可以整顿梳理，使内容沉稳闲静。这些就是写文章谋篇布局的方法。

# 172. 论尤物

笋为蔬中尤物①，荔枝为果中尤物，蟹为水族中尤物，酒为饮食中尤物，月为天文中尤物，西湖为山水中尤物，词曲为文字中尤物。

张南村②曰：《幽梦影》可为书中尤物。

陈鹤山曰：此一则又为《幽梦影》中尤物。

【注释】①尤物：优秀突出的人物，珍贵的物品。②张南村：张惣，字南村，一字僧持，号藤芜庵。诸生，善诗画，与石涛、王又旦、冒襄、邓汉仪等友善。癖好山水，不惮险远，必往游。有《藤芜庵集》《南村集》。《虞初新志》卷八收录其笔记小说《万夫雄打虎传》。

【译文】竹笋是蔬菜中的尤物，荔枝是水果中的尤物，螃蟹是水产中的尤物，酒是饮品中的尤物品，月亮是天体中的尤物，西湖是山水中的尤物，词曲是文体中的尤物。

# 173. 对解语花

买得一本①好花，犹且爱护而怜惜之，矧其为解语花乎②？

周星远曰：性至之语，自是君身有仙骨，世人那得知其故耶？

石天外曰：此一副心，令我念佛数声。

李若金曰：花能解语而落于粗恶武夫，或遭狮吼戕贼③，虽欲爱护，何可得！

王司直曰：此言是恻隐④之心，即是是非之心。

【注释】①本：原指植物的根、干，这里用作植物的计量单位，一本就是一棵、一株。②矧（shěn）：何况。③戕（qiāng）贼：伤害，损害。④恻隐：指对遭难的人的同情和怜悯。

【译文】我们买到一株好花，尚且还要爱护它、怜惜它，何况是善解人意的美人呢？

# 174. 由扇面观人之俗雅

观手中便面①，足以知其人之雅俗，足以识其人之交游。

李圣许曰：今人以笔资丐名人书画②，名人何尝与之交游？吾知其手中便面虽雅，而其人则俗甚也。心斋此条，犹非定论。

毕峒谷③曰：人苟肯以笔资丐名人书画，则其人犹有雅道存焉，世固有并不爱此道者。

钱目天曰：二语皆然。

【注释】①便面：古代用以遮住脸面的扇状物，后来把团扇、折扇统称为便面，也叫屏面、扇面。便面也起装饰作用，上面常常题有书画。②笔资：字画、文章的作者所得的报酬。③毕峒谷：毕熙旸，字峒谷，安徽歙县人。著有《佛解六篇》等。

【译文】观察一个人手中拿的扇面，就能知道这个人是雅致还是庸俗，甚至还能了解这个人所结交的朋友都是什么类型的人。

# 175. 水与火

水为至污之所会归，火为至污之所不到。若变不洁为至洁，则水火皆然。

江含徵曰：世间之物，宜投诸水火者不少，盖喜其变也。

【译文】水是最脏的东西汇集的地方，火是最脏的东西也不能到达的地方。如果想把不干净的东西变为一尘不染，那么水与火都能做到这一点。

# 176. 未易与浅人道

貌有丑而可观者，有虽不丑而不足观者；文有不通而可爱者，有虽通而极可厌者。此未易与浅人①道也。

陈康畴曰：相马于牝牡骊黄之外⑦者，得之矣。

李若金曰: 究竟可观者必有奇怪处, 可爱者必无大不通。

梅雪坪③曰: 虽通而可厌, 便可谓之不通。

【注释】①浅人: 肤浅、没有见识的人。②相马于牝牡骊黄之外: 意思是考察事物应不为表面现象所惑, 注重本质。《列子·说符》记载, 擅长相马的伯乐向秦穆公推荐九方皋, 以继承他的工作。穆公派九方皋去求好马, 回来报告说已找到了, “牝而黄”（黄色的母马）, 结果带回来一看, 却是“牡而骊”（黑色的公马）。穆公很不高兴, 责备伯乐推荐的人不行。伯乐向他解释道: “若皋之所观, 天机也。得其精而忘其粗, 在其内而忘其外; 见其所见, 不见其所不见; 视其所视, 而遗其所不视。若皋之相者, 乃有贵乎马者也。”意思是九方皋相马注重的是实质而不是外表。结果后来发现, 九方皋相中的果然是一匹罕见的良马。骊, 黑色; 牝牡骊黄即雌雄黑黄的外表。③梅雪坪: 即梅庚, 字子长, 号雪坪, 晚号听山翁, 别名柯庚、慕园等, 安徽宣城人。诗、书、画皆精, 诗受到同邑著名诗人施润章称赏, 有《吴市吟》《玉笥游草》《天逸阁集》等。书善八分, 画擅山水、花卉, 兼工白描人物, 脱略凡格, 不宗一家, 传世画作有《敬亭棹歌图》。

【译文】有些人的容貌虽然丑陋但很耐看, 有些人的容貌即使不丑陋但也不耐看; 有的文章有虽不通顺但还是讨人喜欢的, 有的文章就算语句通顺却让人心生厌恶, 肤浅的人是无法理解这其中的道理的。

# 177. 游玩山水亦复有缘

游玩山水，亦复有缘，苟机缘未至。则虽近在数十里之内，亦无暇到也。

张南村曰：予晤心斋时，询其曾游黄山否，心斋对以未游，当是机缘未至耳。

陆云士曰：余慕心斋者十年，今戊寅①之冬始得一面。身到黄山恨其晚，而正未晚也。

【注释】①戊寅：指康熙三十七年（1698）。

【译文】游玩山水也是需要机缘的，如果没有机会，或者机缘未到的话，即使山水近在咫尺，也没有机会去游玩。

# 178. 贫富与骄谄

贫而无谄，富而无骄①，古人之所贤也。贫而无骄，富而无诌，今人之所少也。足以知世风之降矣。

　　许来庵②曰：战国时已有贫贱骄人③之说矣。

　　张竹坡曰：有一人一时，而对此谄对彼骄者，更难！

　　【注释】①贫而无谄，富而无骄：语出《论语·学而》："子贡曰：'贫而无谄，富而无骄，何如？'子曰：'可也。未若贫而乐，富而好礼者也。'"②许来庵：即许承家。③贫贱骄人：身处贫贱，却以此为骄傲，表示对权贵的蔑视，语出《史记·魏世家》："子击逢文侯之师田子方于朝歌，引车避，下谒。田子方不为礼。子击因问曰：'富贵者骄人乎，且贫贱者骄人乎？'子方曰：'亦贫贱者骄人耳！'"

　　【译文】贫穷但不谄媚，富贵却不骄纵，是古人所称道的品德。贫穷而不骄纵，富贵而不谄媚，是现代人缺少的品德。由此完全可以看出当今社会真是世风日下啊！

# 179. 读书、游山与检藏

　　昔人欲以十年读书，十年游山，十年检藏。予谓检藏尽可不必十年，只二三载足矣。若读书与游山，虽或相倍蓰①，恐亦不足以偿所愿也。必也如黄九烟前辈之所云，"人生必三百岁而后可"乎？

江含徵曰：昔贤原谓尽则安能，但身到处莫放过耳。

孙松坪曰：吾乡李长蘅<sup>②</sup>先生，爱湖上诸山，有"每个峰头住一年"之句，然则黄九烟先生所云犹恨其少。

张竹坡曰：今日想来，彭祖<sup>③</sup>反不如马迁。

**【注释】**①或相倍蓰（xǐ）：语出《孟子·滕文公上》："夫物之不齐，物之情也。或相倍蓰，或相什百，或相千万。"倍，一倍。蓰，五倍。原意是说事物有时相差好几倍，这里指多用几倍的时间。②李长蘅：即李流芳，字茂宰，又字长蘅，号檀园，晚称慎娱居士，安徽歙县人，明代诗人、书画家。与唐时升、娄坚、程嘉燧称"嘉定四君子"。与钱谦益友善，常往来常熟。性孝友，能急友人之难，人品、文品俱高。工诗，擅书法，又能刻印。精绘事，擅山水，为"画中九友"之一。有《檀园集》。③彭祖：生于夏代，到殷末时已有767岁（一说800岁），是传说中最长寿的人物。

**【译文】**古人认为要用十年来读书，用十年来游览名山古迹，用十年来检阅收藏书籍。我认为检阅收藏书籍完全没有必要用十年，只要两三年就足够了。但如果是读书和游历，就是再增加几倍的时间，恐怕也难以如愿以偿。如果硬要满足读书和游历的要求的话，那就必须像黄九烟前辈所说的那样，人的一生一定要活三百岁才可以吧！

# 180. 宁为与毋为

宁为小人之所骂，毋为君子之所鄙；宁为盲主司之所摈弃①，毋为诸名宿②之所不知。

陈康畴曰：世之人自今以后，慎毋骂心斋也。

江含徵曰：不独骂也，即打亦无妨，但恐鸡肋不足以安尊拳③耳。

张竹坡曰：后二句足少平吾恨。

李若金曰：不为小人所骂，便是乡愿④；若为君子所鄙，断非佳士。

【注释】①主司：科举考试的主试官。盲主司就是不能选拔真正人才的主试官。摈弃：排斥，抛弃，这里指不被录取。②名宿：有名望的学者。③鸡肋不足以安尊拳：语出《晋书·刘伶传》："尝醉与俗人相忤，其人攘袂奋拳而往，伶徐曰：'鸡肋不足以安尊拳。'"鸡肋，比喻瘦弱的身体。④乡愿：貌似谨厚，没有是非观念、谁也不得罪的所谓"好人"，实际上是与世俗同流合污的伪善者。语出《论语·阳货》："子曰：'乡愿，德之贼也。'"

【译文】宁愿被小人谩骂，也不要被君子鄙视；宁愿被不识才的主考官罢黜，也不要被有名望的学者忽视。

# 181. 傲心与傲骨

傲骨不可无, 傲心不可有。无傲骨则近于鄙夫①, 有傲心不得为君子。

吴街南曰: 立君子之侧, 骨亦不可傲; 当鄙夫之前, 心亦不可不傲。

石天外曰: 道学之言, 才人之笔。

庞笔奴曰: 现身说法, 真实妙谛。

【注释】①鄙夫: 鄙陋浅薄之人。

【译文】不可缺少傲骨, 不可具有傲心。无傲骨之人就会流于鄙陋浅薄的小人, 有傲心之人就不能成为道德高尚的君子。

# 182. 蝉与蜜蜂

蝉为虫中之夷齐①, 蜂为虫中之管晏②。

崔青峤<sup>③</sup>曰:心斋可谓虫中之董狐<sup>④</sup>。

吴镜秋<sup>⑤</sup>曰:蚊是虫中酷吏,蝇是虫中游客。

**【注释】**①夷齐:即伯夷、叔齐,是商代孤竹君的两个儿子。其父遗命令叔齐继位,但叔齐恪守悌道,不肯为君,要把位子让给哥哥伯夷。伯夷不接受,于是两人双双逃到周国。周武王伐纣,两人曾劝谏阻止。商灭亡后,两人坚决不食周粟,最后饿死于首阳山。②管晏:即管仲和晏婴,分别是春秋时齐桓公、齐景公的良相。管仲帮助齐桓公治理国家,通货积财,使齐国成为当时诸侯国的盟主。晏婴相助齐灵公、庄公、景公三朝,节俭力行,功显于世。③崔青峤:即崔岱齐,字青峤,平山人,两淮转运使崔华之子,贡生,历官长沙知府。唐熙二十九年(1690)刻《坐啸亭诗》于扬州,一时名士咸为之作序。有《坐啸轩琐言》。④董狐:春秋时晋国史官,史称史狐。据《左传》记载,赵穿杀晋灵公,身为正卿的赵盾没有阻止,董狐便记载说"赵盾弑其君",为赵盾所杀。孔子称赞说:"董狐,古之良史也,书法不隐。"后用来指称尊重史实、敢于秉笔直书的优秀史家。⑤吴镜秋:即吴雯炯,字镜秋,号葛巾老人,室名笙山草堂,安徽歙县人。尝师从吴绮(即吴园次),得填词法。著有《香草词》《笙山草堂诗》等。

**【译文】**蝉是昆虫中的伯夷和叔齐,蜜蜂是昆虫中的管仲和晏婴。

# 183. 坏字眼与名号

曰痴、曰愚、曰拙、曰狂，皆非好字面<sup>①</sup>，而人每乐居之；曰奸、曰黠<sup>②</sup>、曰强、曰佞<sup>③</sup>，反是，而人每不乐居之，何也?

江含徵曰: 有其名者无其实，有其实者避其名。

【注释】①好字面: 表面意义好的文字。②黠: 聪慧。③佞: 有才智，善辩。

【译文】人们说的痴、愚、拙、狂，都不是好字眼，但人们往往乐意用它们来为名为号；而奸、黠、强、佞，都是好字眼，但人们却不乐意用它们为名为号，这是为什么呢?

# 184. 音乐可感鸟兽的原因

唐虞<sup>①</sup>之际，音乐可感鸟兽<sup>②</sup>。此盖唐虞之鸟兽，故可感耳；若后世之鸟兽，恐未必然。

洪去芜曰：然则鸟兽亦随世道为升降耶？

陈康畴曰：后世之鸟兽，应是后世之人所化身，即不无升降，正未可知。

石天外曰：鸟兽自是可感，但无唐虞音乐耳。

毕右万曰：后世之鸟兽，与唐虞无异，但后世之人迥不同耳。

【注释】①唐虞：即尧、舜。尧为陶唐氏，舜为有虞氏。二人均为上古时期部落联盟的领袖，古人称唐虞之世为太平盛世。②音乐可感鸟兽：据《尚书·舜典》载，舜时夔为乐官，掌管音乐，演奏之时"凤凰来仪，百兽率舞"。

【译文】唐虞时代的太平盛世，音乐可以感化飞禽走兽。这大概是因为飞禽走兽生活在唐虞之世，所以可以感化；如果是生活在后世的飞禽走兽，恐怕就未必会被感化了。

# 185. 痛与痒，酸与苦

痛可忍而痒不可忍，苦可耐而酸不可耐。

陈康畴曰：余见酸子①偏不耐苦。

张竹坡曰：是痛痒关心语。

余香祖曰：痒不可忍，须倩麻姑搔背②。

释牧堂曰: 若知痛痒, 辨苦酸, 便是居士③悟处。

**【注释】**①酸子: 犹酸丁, 旧时对贫寒而迂腐的读书人的贬称, 《二刻拍案惊奇·卷四》载:"若不还他时, 他须是个贡生, 酸子智量必不干休。"②倩: 央求, 请。麻姑: 传说中的仙女。传说东汉时, 仙人王方平降于蔡经家, 召麻姑至。蔡经见她手指纤长似鸟爪, 就想入非非:"背大痒时, 得此爪以爬背, 当佳。"结果遭到惩罚。苏辙《赠吴子野道人》有"道成若见王方平, 背痒莫念麻姑爪"的句子。③居士: 佛教称在家修道的人。

**【译文】**疼痛可以忍受, 但是瘙痒却不可忍受; 苦楚可以忍耐, 但酸涩却不可忍耐。

# 186. 关于影

镜中之影, 着色①人物也; 月下之影, 写意②人物也。镜中之影, 钩边画③也; 月下之影, 没骨画④也。月中山河之影⑤, 天文中地理也; 水中星月之象, 地理中天文也。

恽叔子⑥曰: 绘空镂影之笔。

石天外曰: 此种着色写意, 能令古今善画人一齐搁笔。

沈契掌曰: 好影子俱被心斋先生画着。

【注释】①着色：绘画涂颜色。国画有水墨画、着色画之分。工笔画多用着色，而写意画多用水墨。②写意：国画画法之一，通过简洁的笔墨，表现出物象的形神，以传达意境，与用笔细密、渲染工致的工笔画相对。③钩边画：即双钩画，指用线条勾描物象轮廓的勾勒技法画成的画。④没骨画：国画中花鸟、人物的一种画法，指不用墨线勾勒，直接用彩色描绘物象的没骨技法画成的画，类似今天的水彩画。由徐崇嗣开创，元王冕、清恽寿平等人均以没骨画见长。⑤月中山河之影：月亮上的阴影。⑥恽叔子：即恽南田，原名恽格，字寿平，后以字行，改字正叔，亦字叔子，号南田，别号白云外史、云溪外史，亦称东园客，明末清初著名书画家，常州画派的开山祖师。初善山水，笔墨秀峭，又学花卉，为古今绝艺，书学褚遂良，又工诗，世称"南田三绝"。在清初画坛上，与王时敏、王鉴、王翚、王原祁、吴历合称"清六家"，亦称"四王吴恽"。有《瓯香馆集》《南甲诗钞》《南田画跋》等。

【译文】镜子中的影像，是着了颜色的人物画；月光下的影像，是简洁传神的写意画。镜子里的影像，是线条分明的双钩画；月光下的影像，是不用墨线勾勒的没骨画。月亮中的阴影，是日月星辰上的山川大地；水中星月的倒影，是山川大地上的日月星辰。

# 187. 得妙句与参禅机

能读无字之书，方可得惊人妙句；能会难通之解，方可参最上禅机①。

黄交三曰：山老之学，从悟而入，故常有彻天彻地之言。

释牧堂曰②：惊人之句，从外而得者；最上之禅，从内而悟者，山翁再来人，内外合一耳。

胡会来曰③：从无字处著书，已得惊人，于难通处着解，既参最上，其《幽梦影》乎！

【注释】①禅机：佛家禅宗所传播的机要秘诀。禅为梵语音译"禅那"的省称，是静思之意。参禅就是玄思冥想、探究真理。②③此两则评语据清刊本补。

【译文】能够读懂社会这本书，就可以写出惊人的妙句；能够领会难解的问题，就可以参悟最上乘的佛理。

# 188. 诗酒与佳丽的重要性

若无诗酒，则山水为具文①；若无佳丽，则花月皆虚设。

卓子任曰②：诗人酒客，以及佳丽，乃山川灵秀之气孕毓而成者。

袁翔甫补评曰③：世间之辜负此山水花月者，正不知几多地方，几多时日也。恨之，恨之。

【注释】①具文：空文，徒具形式而无实际意义。下文的"虚设"意思相近。《汉书·宣帝纪》："上计簿，具文而已，务为欺谩，以避其课。"②此则评语据清刊本补。③此则评语据《啸园丛书》本补。

【译文】如果没有诗词美酒，那么山水就是徒具形式；如果没有绝色佳人，那么鲜花月色就是形同虚设。

# 189. 不能年永者

才子而美姿容，佳人而工著作①，断不能永年②者，匪独③为造物之所忌。盖此种原不独为一时之宝，乃古今万世之宝，故不欲久留人世以取亵④耳。

郑破水曰：千古伤心，同声一哭。

王司直曰：千古伤心者，读此可以不哭矣。

【注释】①工著作：工于著述，这里指擅长写诗文。②永年：长寿。③匪独：不止。④亵：轻慢、亵渎。

【译文】容貌出众风姿秀美的才子，满腹文章擅长作诗的佳人，总是英年早逝，这不仅是他们被造物主所妒忌的缘故，还因为他们本身不只是一个时代的珍宝，更是古今万世的珍宝，所以不想让他们久留人间被人亵渎啊！

# 190. 曲逆之读音

陈平封曲逆侯,《史》《汉》注皆云"音去遇"①。予谓此是北人土音耳。若南人四音②俱全,似仍当读作本音为是(北人于唱曲之"曲",亦读如"去"字)。

孙松坪曰:曲逆,今完县也③。众水潆洄,势曲而流逆。予尝为土人订之。心斋重发吾覆④矣。

【注释】①陈平:西汉时阳武人。有谋略,辅佐刘邦击败项羽,夺得天下,建立了汉朝。被封为曲逆侯。查《史记》《汉书》古注,都未标注"曲逆"读音;最早提出曲逆读为"去遇"的是《文选》唐五臣注。晋陆机《汉高祖功臣颂》收录于《文选》,颂文称"曲逆宏达,好谋能深",五臣注"曲逆"之音:曲,"区句"反;逆,音"遇"。但比五臣注稍早的李善注,却没有这样的注音。因此有学者(如梁章钜、俞樾、刘文典)认为五臣注是妄加改音,不足采信。②四音:即四声。北方多数地方语音中无入声,曲、逆两字读如"去遇"。而按保留了入声的南方语音来读,这两个字都是入声。③曲逆:古县名,即今河北完县。④重发吾覆:重蹈覆辙。

【译文】汉代陈平被封为曲逆侯,"曲逆"两个字,《史记》《汉书》上都注释说音为"去遇"。我认为这是北方人的口音。如果像南方人发音那样平、上、去、入四声俱全，那就还应当读它的本音才对吧（北方方言读唱曲的"曲"字，也读成"去"的音）。

# 191. 古人也四声完备

古人四声俱备，如"六"、"国"二字皆入声也。今梨园演苏秦剧①，必读"六"为"溜"，读"国"为"鬼"，从无读入声者。然考之《诗经》，如"良马六之"、"无衣六兮"之类②，皆不与去声叶③，而叶祝、告、燠；"国"字皆不与上声叶，而叶入、陌、质韵。则是古人似亦有入声，未必尽读"六"为"溜"，读"国"为"鬼"也。

弟木山曰：梨园演苏秦，原不尽读"六国"为"溜鬼"。大抵以曲调为别。若曲是南调，则仍读入声也。

【注释】①梨园：唐玄宗时训练培养宫廷乐工的地方。唐玄宗曾选坐部伎三百人和宫女数百人在梨园学歌舞演戏。后人因称戏班为梨园，戏曲演员为梨园弟子。苏秦：字季子，战国时著名纵横家，游说燕、赵、韩、魏、齐、楚六国合纵抗秦，他本人佩六国相印，为纵约长。后纵约为张仪所破，死于齐。旧时小说、戏曲多有传演他的故事的，戏曲有元杂剧《冻苏秦衣锦还乡》、明传奇《金印记》《合纵记》等。②良马六之：《诗经·鄘风·干旄》："孑孑干旄，在浚之城。素丝祝之，良马六之。彼姝者子，何以告之？"诗中"六"与"祝"、"告"押韵。无衣六兮：《诗经·唐风·无衣》："岂曰无衣六兮？不如子之衣，安且燠兮！"诗中"六"与"燠"押韵。祝、告、燠都是入声字。③叶：通"协"，叶韵，也叫协韵。南北朝时，有学者发现按照当时读音读《诗经》，感到很多诗句的韵不和谐，于是将作品中某些韵临时做了改动，称为"叶韵"。清代对古音研究逐渐精确，叶韵之说遂随之废除。

【译文】古人平上去入四声完备，如"六"和"国"两个字都是入声。如今梨园弟子演唱苏秦的剧目时，总是把"六"读成"溜"，把"国"读成"鬼"，不会有人读入声。然而根据《诗经》考证这两字的读音，如"良马六兮"、"无衣六兮"中的"六"都不与去声相叶韵，而是和"祝"、"告"、"燠"相叶韵；"国"字都不与上声相叶韵，而与"入"、"陌"、"质"相叶韵。由此可知，古人似乎也有入声，未必都把"六"读成"溜"，把"国"读成"鬼"。

# 192. 用砚之联想

闲人之砚，固欲其佳，而忙人之砚，尤不可不佳；娱情①之妾，固欲其美，而广嗣②之妾，亦不可不美。

江含徵曰：砚美下墨可也，妾美招妒奈何？

张竹坡曰：妒在妾，不在美。

【注释】①娱情：使心情愉悦。②广嗣：多生子嗣。嗣，后嗣，子孙。

【译文】清闲之人的砚台，固然需要质地优良的，而忙碌之人的砚台，更加需要质地精美的；用来愉悦性情的妾，当然要美丽动人，但为传宗接代而立的妾，更加要貌美如花。

# 193. 独乐乐与众乐乐

如何是独乐乐①? 曰鼓琴；如何是与人乐乐? 曰弈棋；如何是与众乐乐? 曰马吊②。

蔡铉升③曰：独乐乐，与人乐乐，孰乐? 曰"不若与人"；与少乐乐，与众乐乐，孰乐? 曰"不若与少"。

王丹麓曰：我与蔡君异，独畏人为鬼阵④，见则必乱其局而后已。

【注释】①独乐乐：《孟子·梁惠王下》载，孟子与梁惠王谈音乐，孟子问："独乐乐，与人乐乐，孰乐?"梁惠王答："不若与人。"孟子又问："与少乐乐，与众乐乐，孰乐?"梁惠王答："不若与众。"把欣赏音乐分成"独乐乐"、"与人乐乐"、"与众乐乐"三种情形。各句中前一个"乐"读yuè，意思是欣赏音乐；后一个"乐"读(lè)，意思是快乐。

本条以戏谑的方式使用这几句话,两个"乐"字都读(lè),前一个是玩乐,后一个是快乐之意。②马吊:明中后期开始盛行的一种纸牌游戏,玩法类似今天的麻将。牌共四十张,四人同玩,各八张,以大击小,变化甚多。这四十张牌分成万贯、十万贯、索子和文钱四类。有的牌上画宋江及《水浒传》中其他人物的像。③蔡铉升:即蔡望,字铉升,号甘泉,江南江宁人。有《香草堂集》。④鬼阵:围棋的别称。宋无名氏《采兰杂志》:"吴耽不好棋,见人着,曰:'汝非死将军,奈何辄以鬼阵相攻?'后人因名棋曰'鬼阵'。"

【译文】什么游戏独自一人玩比较快乐呢?我认为是击鼓弹琴;什么游戏两个人一起玩比较快乐呢?我认为是与人对弈;什么游戏同众人一起玩比较快乐呢?我认为是打马吊。

# 194. 四生

不待教而为善为恶者,胎生①也;必待教而后为善为恶者,卵生也;偶因一事之感触而突然为善为恶者。湿生也(如周处、戴渊之改过②,李怀光③反叛之类);前后判若两截,究非一日之故者,化生也(如唐玄宗、卫武公之类④)。

王宓草曰⑤:有教亦不善者,又在胎卵湿化之外。

庞天池曰⑥:不教而为恶,教之而不为善者,畜生也。

王勿斋曰[⑦]：一教即善者，顺生也，所谓人之生也直是也。若横生逆产，徒费稳婆气力耳。

袁翔甫补评曰[⑧]：不能为善，不能为恶者，枉生也。

**【注释】**①胎生：鸠摩罗什译《金刚般若波蜜经》载："所有一切众生之类，若卵生、若胎生、若湿生、若化生"。《法苑珠林》："故有四生，依壳而生曰卵，含藏而出曰胎，假润而兴曰湿，欻然而现曰化。"人与畜为胎生。鸟、鱼鳖等属于卵生。如虫、蝎与飞蛾等，借助湿润之气变形而出生的为湿生。诸如天与地狱之类无所依托，唯借业力而忽然出现的为化生。②周处：字子隐，西晋阳羡（今江苏宜兴）人。相传其年轻时为祸乡里，被人和南山白额虎、长桥下蛟龙一起并称为"三害"。后来有人劝说他杀虎斩蛟为民除害，周处于是上山射虎，又下水搏蛟，过了三天三夜杀蛟而出，听到乡人正在为他的死而相庆，遂发愤改过，官至御史中丞。戴渊：字若思，晋广陵郡（今江苏扬州）人。据《世说新语·自新》记载，他年少时曾在江淮间为盗，攻掠商旅。名士陆机带了许多东西回洛阳，戴渊指挥手下劫掠，自己在岸上"据胡床指麾左右，皆得其宜"，陆机在船上远远地对他说："卿才如此，亦复作劫邪？"戴渊颇有知己之感，为之泣涕，于是扔掉剑拜陆机为师，陆机很看重他，还给他写了推荐书，戴渊后来官至征西将军。③李怀光：本姓茹，赐姓李，渤海郡（今吉林敦化）人，唐朝将领。少从军，跟随名将郭子仪，勇猛善战，执法无私，屡建功勋，引发宰相卢杞妒忌与构陷和唐德宗的猜忌，遂联合朱泚反叛朝廷，最后返回河中府途中被部将杀死。《新唐书》把他列入"叛臣传"。④唐元宗：即唐玄宗李隆基，又称唐明皇。他即位之初，任用姚崇、宋璟为相，励精图治，国势稳定富强，被史家誉为"开元之治"

或"开元盛世"。后来重用李林甫、杨国忠等人，又宠爱杨贵妃，使得吏治腐败，藩镇渐渐失控，终于发生安史之乱。唐王朝由盛而衰，他本人也晚景凄凉。卫武公：名姬和，春秋时卫国第十一位国君。据说他是杀死哥哥共伯而自立为君的，可谓凶毒。但他勤于为政，在位时人民安居乐业，并辅佐周室有功，在位数十年，九十五岁时仍不以老自居，对国事兢兢业业。⑤⑥⑦三则评语据清刊本补。⑧此则评语据《啸园丛书》本补。

【译文】不用经过后天的教育感化就懂得善恶的，是胎生；必须经过教育然后才懂得善恶的，是卵生；由一个偶然事件的获得感触而懂得善恶的，是湿生（比如晋代周处、戴渊的改过自新，唐代李怀光由功臣变为叛臣这一类情况）；至于前后判若两人，推究起来并非因为一时一事而改变的，是化生（比如唐玄宗从明君变为昏庸、卫武公从杀兄篡位到匡扶社稷这一类情况）。

# 195. 物以神用者

凡物皆以形用①，其以神用者，则镜也，符印②也，日晷③也，指南针也。

袁中江曰：凡人皆以形用，其以神用者，圣贤也、仙也、佛也。

黄虞外士曰：凡物之用皆形，而其所以然者，神也。镜凸凹而易其肥瘦，符印以专一而主其神机，日晷以恰当而定准则，指南以灵动而活其针缝。是皆神而明之,存乎人矣。

【注释】①以形用:以外在的形式而被使用。下文"以神用",指以内在的、形而上的性质而被使用。②符印:兵符、印信等作为凭证使用的物品的统称。③日晷:即日规,古人发明的以测日影来定时刻的仪器。

【译文】大多数物品都是因其外形来发挥作用的,而因其内在原理或含义而被人们使用的,则有镜子、符印、日晷、指南针。

# 196.怜才之心与惜美之意

才子遇才子,每有怜才之心;美人遇美人,必无惜美之意。我愿来世托生为绝代佳人,一反其局而后快。

陈崔山曰:谚云①:"鲍老当筵笑郭郎,笑他舞袖太郎当。若教鲍老当筵舞,转更郎当舞袖长。"则为之奈何?

郑蕃修曰:俟心斋来世为佳人时再议。

余湘客曰:古亦有"我见犹怜"②者。

倪永清曰:再来时,不可忘却。

【注释】①谚云句:出自宋杨亿的《傀儡》诗。鲍老、郭郎都是宋代戏剧角色名。鲍老又称"抱锣",是一个逗人笑乐的角色。郭郎,戏剧中的丑角,又称郭秃,是个秃头木偶。郎当,衣服肥大不合身的样子。按杨诗所写,鲍老、郭郎都是傀儡,由幕后人牵线操纵。此诗意谓,两者都不过是傀儡戏中的角色,郎当还是利落,都身不由己;因此鲍老不必讥笑郭郎,假如换上鲍老登场表演,可能比郭郎更舞袖郎当,滑稽可笑。比喻批评与被批评双方,如果易地而处,则前者比后者的缺点更严重。②我见犹怜:我见了她尚且觉得怜爱。出自《世说新语·贤媛》:"桓宣武平蜀,以李势妹为妾"。刘孝标注引南朝宋虞通之《妒记》:"温平蜀,以李势女为妾。郡主凶妒,不即知之。后知,乃拔刃往李所,因欲斫之。见李在窗梳头,姿貌端丽,徐徐结发,敛手向主,神色闲正,辞甚凄婉。主于是掷刀,前抱之:'阿子,我见汝亦怜,何况老奴。'遂善之。"

【译文】才子遇见才子,互相间往往会惺惺相惜;而美人遇到美人,却会觉得对方面目可憎。我希望来世托生为绝代佳人,改变这种互不怜惜的局面才痛快。

# 197. 祭历代才子佳人

予尝欲建一无遮大会①,一祭历代才子,一祭历代佳人。俟遇有真正高僧,即当为之。

顾天石曰：君若果有此盛举，请迟至二三十年之后，则我亦可以拜领盛情也。

释中洲曰：我是真正高僧，请即为之，何如？不然，则此二种沉魂滞魄，何日而得解脱耶？

江含徵曰：折柬②虽具，而未有定期，则才子佳人亦复怨声载道。又曰：我恐非才子而冒为才子，非佳人而冒为佳人，虽有十万八千母陀罗③臂，亦不能具香厨④法膳也。心斋以为然否？

释远峰⑤曰：中洲和尚，不得夺我施主！

【注释】①无遮大会：也称般遮大会、无遮会或无碍会，是佛教举行的一种以布施为主要内容的法会，每五年举行一次。无遮，宽容、无所遮拦之意，即无论贵贱、智愚、善恶、僧俗，一律参与，平等看待。②折柬：也作折简，书信，这里意犹下了请帖。③母陀罗：佛教用语，梵语译音，意为印契，即以手结成各种印形。④香厨：即香积厨，寺院里的厨房，取香积佛国香饭之意。唐杜甫《岳麓山道林二寺行》载："塔劫官墙壮丽敌，香厨松道清凉俱。"⑤释远峰：法名行涨，字法音，号远峰，俗姓彭，兴化人。

【译文】我曾经有过举办一次盛大的无遮大会的想法，一是祭奠历代才子，一是祭奠历代佳人。等遇到真正的得道高僧时，我就可以马上举办了。

# 198. 天地之替身

圣贤者,天地之替身。

石天外曰:此语大有功名教①,敢不伏地拜倒。

张竹坡曰:圣贤者,乾坤之帮手。

【注释】①名教:指以正名定分为核心的封建礼教。

【译文】圣人贤者,是天地的化身。

# 199. 天极不难做

天极不难做,只须生仁人君子有才德者二三十人足矣。君一、相一、冢宰①一,及诸路总制、抚军是也②。

黄九烟曰:吴歌有云:"做天切莫做四月天。"可见天亦有难做之时。

江含徵曰：天若好做，又不须女娲氏补之。

尤谨庸曰：天不做天，只是做梦，奈何，奈何！

倪永清曰：天若都生善人，君相皆当袖手，便可无为而治。

陆云士曰：极诞极奇之话，极真极确之话。

【注释】①冢宰：周代官名，也称"太宰"，为六卿之首，统领百官。后世把掌管选拔官员的吏部尚书称为"冢宰"。②路：宋元时的行政区域名称，大致相当于后来的省或府。这里代指省。总制：即总督，明清时的地方最高长官，管理一省或数省。抚军：明清时对巡抚的另一种称呼，巡抚是省级政府的最高长官。

【译文】上天治理人世间根本就不难，只需派下二三十个有才德的仁人君子就足够了。一人为国君，一人为丞相，一人为吏部尚书，其余人为各省的总督、巡抚，这样就好了。

# 200. 掷升官图与做官

掷升官图①，所重在德，所忌在赃。何一登仕版②，辄与之相反耶？

江含徵曰：所重在德，不过是要赢几文钱耳。

沈契掌曰：仕版原与纸版不同。

【注释】①掷升官图：升官图又叫选官图、彩选格、百官铎等，是旧时流行的一种赌博游戏。在纸上列出大小官位，然后掷骰子，以其点数和彩色决定升降，一点为"赃"，二、三、五为"功"，四为"德"，六为"才"，掷出四便升迁，掷出一便降罚。也可以用捻捻转儿定升降，捻捻转儿形似陀螺而小，四面书德、才、功、赃等字样，上有短柄，捻之则转，转毕即倒，一面向上，视其字而决定官职升降。②仕版：官员的名册，亦指仕途、官场。登仕版意味着做官。

【译文】人们在玩掷升官图这种游戏的时候，重点在于道德修养，一定不能贪赃枉法。为什么一到了现实官场上，行为规则就与此相反了呢？

# 201.动植物中的三教

动物中有三教焉：蛟龙麟凤①之属，近于儒者也；猿狐鹤鹿之属，近于仙者也；狮子、牯牛之类，近于释者也。植物中有三教焉：竹梧兰蕙之属，近于儒者也；蟠桃、老桂之属，近于仙者也；莲花、薝卜②之属，近于释者也。

顾天石曰：请高唱《西厢》一句："一个通彻三教九流"③。

石天外曰：众人碌碌，动物中蜉蝣④而已；世人峥嵘⑤，植物中荆棘而已。

【注释】①蛟龙麟凤：儒家以麟、凤、龟、龙为四灵，见《礼记·礼运》。②蘑卜：梵语音译，义译为郁金花。③一个通彻三教九流：元王实甫《西厢记》第四本第二折："一个通彻三教九流，一个晓尽描鸾刺绣。""九流"的说法，最早见于《汉书·艺文志》，指的是春秋战国时期的儒家、墨家、道家、法家、杂家、农家、名家、阴阳家、纵横家等学术流派。后来，"三教九流"逐渐演变为对古代社会阶层和职业的拆分。这时候，"三教九流"的内涵发生了变化，特指封建社会各个阶层从事不同职业的人。人们把"九流"分为三等：上九流、中九流、下九流。④蜉蝣：虫名。⑤峥嵘：卓异，不平凡。

【译文】动物中有三教：蛟龙、麒麟、凤之类，属于儒教；猿猴、狐狸、鹤、鹿之类，属于道教；狮子、牯牛之类，属于佛教。植物中有三教：竹子、梧桐、兰花、蕙草之类，属于儒教；蟠桃、老桂之类，属于道教；莲花、蘑卜之类，属于佛教。

# 202. 人和宇宙

佛氏云："日月在须弥山①腰。"果尔，则日月必是绕山横行而后可。苟有升有降，必为山巅所碍矣。又云："地上有阿耨达池②，其水四出，流入诸印度。"又云："地轮之下为水轮，水轮之下为风轮，风轮之下为空轮。"③余谓此皆喻言人身也。须弥山喻人首，日月喻两目，池水四出喻血脉流通，地轮喻此身，水为便溺，风为泄气④，此下则无物矣。

释远峰曰：却被此公道破。

毕右万曰：乾坤交后，有三股大气，一呼吸，二盘旋，三升降。呼吸之气，在八卦为震巽，在天地为风雷，为海潮，在人身为鼻息；盘旋之气，在八卦为坎离，在天地为日月，在人身为两目，为指尖、发顶罗纹，在草木为树节蕉心；升降之气，在八卦为艮兑，在天地为山泽，在人身为髓液便溺，为头颅肚腹，在草木为花叶之萌涠，为树梢之向天、树根之入地。知此而寓言之，出于二氏⑤者，皆可类推而悟。

**【注释】**①须弥山：佛教传说中的高山，也译作须弥楼、苏迷庐。②阿耨（nòu）达池：湖名，梵语的译音，意译为"无热恼"，又名阿那波答多池，意思是清凉、无热之苦。③"地轮之下为水轮"句：佛教认为世界最下层是风轮，其上为水轮，最上为金轮，金轮即地轮，谓大地。④泄气：此处指放屁。⑤二氏：佛教和道教。

**【译文】**佛教典籍说："日月在须弥山的山腰。"如果真是这样的话，那么日月必定是绕着山腰水平运行才可以。如果有升有降，一定会被山顶遮住。又说："地上有阿耨达池，池水从四面流出，最终进入印度各地。"还说："地轮下面是水轮，水轮下面是风轮，风轮下面是空轮。"我认为这都是比喻人体结构的。须弥山就像人的脑袋，日月就像人的两只眼睛，池水从四面流出就像人体流通的血脉，地轮就像人的身躯，水轮就是人新陈代谢的产物，风轮是人肠道排出的废气，再往下就没有了。

# 203. 韵之弗备

苏东坡和陶诗尚遗数十首①。予尝欲集坡句②以补之，苦于韵之弗备而止。如《责子》诗③中"不识六与七"、"但觅梨与栗"，七字、栗字，皆无其韵也。

王司直曰④：余亦常有此想，每以为平生憾事，不谓竟有同心。今彼可以无憾，但憾苏老耳。

庞天池曰⑤：心斋有炼石补天手段，乃以七、栗无韵缺陶诗，甚矣，文法之困人也。

【注释】①苏东坡：即苏轼，曾先后追和陶渊明的诗一百多首。和，就是用与原诗同样的韵写诗。虽然人们称他遍和陶诗，实际上仍有数十首没有和，下面谈到的《责子》诗就是其中之一。②集坡句：指取苏东坡诗句和成陶诗。集句，即古人句以为诗。③《责子》诗：陶渊明的作品，用幽默的笔法描写五个孩子的情状，其中有这样的句子："雍端年十三，不识六与七。通子垂九龄，但觅梨与栗。"④⑤此两则评语据清刊本补。

【译文】苏东坡应和陶渊明的诗一百多首，还剩几十首没和。

我曾经打算集苏东坡的诗句来补充空缺，但是苦于韵脚不完整而中止了。如陶渊明《责子》诗中的"不识六与七"、"但觅梨与栗"两句，"七"字和"栗"字都没有与之相应的韵。

# 204. 偶得之句

予尝偶得句，亦殊可喜，惜无佳对，遂未成诗。其一为"枯叶带虫飞"，其一为"乡月大于城"，姑存之。以俟异日[1]。

王司直曰[2]：古人全诗每因一句两句而传者，后人诵之不已。既有此一句两句，何必复增。

袁翔甫补评曰[3]：单词之句，亦足以传，何必足成耶。如"满城风雨近重阳"[4]之类是也。

**【注释】**①异日：他日，以后。②此则评语据清刊本补。③此则评语据《啸园丛书》本补。④满城风雨近重阳：看081章"催租"注释。

**【译文】**我曾经偶然吟得佳句，也特别的高兴，可惜没有想到能与之相对的句子，所以无法成诗。其中一句是"枯叶带虫飞"，还有一句是"乡月大于城"，暂时先把这些诗句保存起来，等以后有机会再补全吧。

205. 极妙之境 | *225*

# 205. 极妙之境

"空山无人, 水流花开"①二句, 极琴心②之妙境; "胜固欣然, 败亦可喜"③二句, 极手谈④之妙境; "帆随湘转, 望衡九面"⑤二句, 极泛舟之妙境; "胡然而天, 胡然而帝"⑥二句, 极美人之妙境。

曹冲谷曰: 一味妙悟。

王司直曰: 登山泛舟望美, 此语妙境之妙。

袁翔甫补评曰: 此等妙境, 岂钝根人领略得来。

【注释】①空山无人, 水流花开: 语出苏轼《十八大罗汉颂》之九《尊者颂》。②琴心: 弹琴者悠然之心。③胜固欣然, 败亦可喜: 语出苏轼《观棋》: "小儿近道, 剥啄信指。胜固欣然, 败亦可喜。优哉游哉, 聊复尔耳。"④手谈: 指下围棋。⑤帆随湘转, 望衡九面: 最早见于北魏郦道元《水经注·卷三十八·湘水》: "衡山东南二面临映湘川, 自长沙至此, 江湘七百里中, 有九向九背, 故渔者歌曰: 帆随湘转, 望衡九面。"湘, 指湘水。衡, 指衡山, 为五岳之一的南岳, 一名岣嵝山。⑥胡然而天, 胡然而帝: 大意是, 难道是天帝派来的美女吗? 出自《诗·鄘风·君子偕老》: "胡珈兮珈兮, 其之翟也。鬒发如云, 不屑髢也; 玉之瑱也, 象之挮也, 扬且之皙也。胡然而天也? 胡然而帝也?"

【译文】"空山无人，水流花开"这两句诗，将空山中弹琴者对流水落花独坐抚琴的美妙意境淋漓尽致地表现出来。"胜固欣然，败亦可喜"这两句诗，将下棋时不论胜负，只沉醉于棋艺、棋趣的高雅境界非常透彻地表现出来。"帆随湘转，望衡九面"这两句诗，将泛舟于曲折的湘水，从不同角度赏望山岳的情致表现出来。"胡然而天，胡然而帝"这两句，将美人的风韵极其传神地表现出来。

# 206. 受与施

镜与水之影，所受①者也；日与灯之影，所施②者也。月之有影，则在天者为受③，而在地者为施也。

郑破水曰：受、施二字，深得阴阳之理。

庞天池曰：幽梦之影，在心斋为施，在笔奴④为受。

【注释】①受：指物体投影于镜或水中，镜与水只是被动地反射其影。②施：指太阳光或灯光投射在物体上，使它们产生影子。就太阳或灯而言，是发出者。③在天者为受：古人认为月亮像镜子或水那样，可映出地上的山河之影。④笔奴：没有才华的文人。

【译文】镜中与水中的倒影，是反射事物而出现的；太阳与灯下的影子，是光照射到物体上而形成的。月亮的影子有两种情况：月中之影是反射外界事物形成的, 而地上的影子则是月光照在物体上形成的。

# 207. 水、风、雨之声

水之为声有四: 有瀑布声, 有流泉声, 有滩声, 有沟浍①声。风之为声有三: 有松涛声, 有秋叶声, 有波浪声。雨之为声有二: 有梧蕉荷叶上声②, 有承檐溜③竹筒中声。

弟木山曰: 数声之中, 惟水声最为可厌, 以其无已时, 甚聒人耳也。

【注释】①沟浍: 即沟渠, 泛指田间水道。浍, 田间排水的渠。②梧蕉荷叶上声: 梧桐叶、芭蕉叶、荷叶宽大, 雨打在上面发出很响的声音, 诗人常采入诗歌, 如唐孟浩然《断句》:"微云淡河汉, 疏雨滴梧桐。"白居易《长恨歌》:"春风桃李花开日, 秋雨梧桐叶落时。"又其《夜雨》:"隔窗知夜雨, 芭蕉先有声。"李商隐《宿骆氏亭寄怀崔雍崔衮》:"秋阴不散霜飞晚, 留得枯荷听雨声。"③承檐溜: 承是承接, 檐溜是屋檐流下的雨水。

【译文】水发出的声音有四种: 瀑布的撞击声, 泉水的流动声, 海浪击打沙滩的拍击声, 沟渠水流的流淌声。风发出的声音有三种: 松涛的起伏声, 秋叶的吟哦声, 风吹浪涌的咆哮声。雨发出的清韵有两种: 雨点打在梧桐叶、芭蕉叶、荷叶上的滴嗒声, 雨水顺着屋檐流入竹筒中的淅沥声。

# 208. 文人与富人

　　文人每好鄙薄富人，然于诗文之佳者，又往往以金玉、珠玑、锦绣誉之。则又何也?

　　陈崔山曰:犹之富贵家张山野　老①落木荒村之画耳。

　　江含徵曰:富人嫌其悭且俗耳,非嫌其珠玉文绣也。

　　张竹坡曰:不文,虽富可鄙;能文,虽穷可敬。

　　陆云士曰:竹坡之言,是真公道说话。

　　李若金曰:富人之可鄙者在吝,或不好史书,或畏交游,或趋炎热而轻忽寒士。若非然者,则富翁大有裨益人处,何可少之②?

　　**【注释】**①张:张挂(展开挂起)。癯(qú):瘦。野老:指村野之人,农夫。山癯,即山癯。恐怕不是指一般的村野老人,而指隐居山中有文化的清瘦之士。语出《汉书·司马相如传》:"相如以为列仙之儒居山泽间,形容甚癯,此非帝王之仙意也,乃遂奏《大人赋》。"山癯野老。②何可少之:怎么能轻视他们。少,轻视、看不起。

　　**【译文】**文人老是喜欢鄙视那些有钱人,然而对于好的诗文,又往往用金玉、珠玑、锦绣来赞誉,这到底是因为什么呢?

# 209. 闲与忙

能闲世人之所忙者, 方能忙世人之所闲。

袁翔甫补评曰①: 闲里着忙是朦懂②汉, 忙里偷闲出短命相。

**【注释】**①此则评语据《啸园丛书》本补。②朦懂: 通"懵懂", 糊涂, 不能明辨事物。

**【译文】**能够放下世俗人所忙碌的事情, 才能完成世俗人所忽视的事情。

# 210. 读经史

先读经, 后读史, 则论事不谬①于圣贤; 既读史, 复读经, 则观书不徒为章句②。

黄交三曰: 宋儒语录中不可多得之句。

陆云士曰: 先儒著书法累牍连章, 不若心斋数言道尽。

王宓草曰：妄论经史者，还宜退而读经。

【注释】①谬：差错，偏离。②章句：分析古书的章节句读，这种读法很容易陷入没什么价值的烦琐分析之中。

【译文】先读经书，后读史书，那么分辨错综复杂的历史事件就不会与圣贤的观点相悖；已经读过史书，再去读经书，那么读书就不会局限在表面字义上了。

# 211. 居城市中

居城市中，当以画幅当山水，以盆景当苑囿①，以书籍当朋友。

周星远曰：究是心斋，偏重独乐乐。

王司直曰：心斋先生置身于画中矣。

【注释】①苑囿：畜养禽兽的圈地，这里泛指园林。

【译文】居住在闹市之中，应当把画上的山水当作大自然的山水，把盆景当作园林，把书籍当作朋友。

# 212. 乡居须得良朋始佳

乡居须得良朋始佳，若田夫樵子，仅能辨五谷而测晴雨，久且数①未免生厌矣。而友之中又当以能诗为第一，能谈次之，能画次之，能歌又次之，解觞政②者又次之。

江含徵曰：说鬼话者又次之。

殷日戒曰：奔走于富贵之门者，自应以善说鬼话为第一，而诸客次之。

倪永清曰：能诗者必能说鬼话。

陆云士曰：三说递进，愈转愈妙，滑稽之雄③。

【注释】①数：多次。②觞政：酒令，也泛指喝酒。觞，古代盛酒的器皿。③雄：引申为第一、首位。

【译文】在乡间居住必须要有情趣相近的朋友相伴才好，像那些种田砍柴的农夫，仅仅只会分辨五谷和预测天气好坏，相处时间久了，就难免会产生厌烦之感。而相伴左右的朋友之中，又应当以能写诗作词的最佳，能交谈的第二，擅长绘画的第三，接着是擅长唱歌的，第五是懂得行酒令的。

# 213. 花鸟与先贤

玉兰，花中之伯夷也（高而且洁）；葵，花中之伊尹①也（倾心向日）；莲，花中之柳下惠②也（污泥不染）。鹤，鸟中之伯夷也（仙品）；鸡，鸟中之伊尹也（司晨③）；莺，鸟中之柳下惠也（求友④）。

袁翔甫补评曰⑤：蝉，虫中之伯夷也；蜂，虫中之伊尹也；蜻蜓，虫中之柳下惠也。

【注释】①伊尹：姒姓，伊氏，名挚，奴隶出身，商汤的贤臣，被尊为阿衡（宰相）。汤死后，他忠心辅佐其孙太甲。太甲失道，伊尹将他放逐桐宫，三年后太甲改过，又迎接回来使之复位。②柳下惠：姬姓，展氏，名获，字季禽，即春秋时鲁大夫展禽，以善于讲究贵族礼节著称。因食邑柳下（地名），谥惠，故名柳下惠。相传在一个寒冷的夜里，柳下惠宿于郭门，突遇一因赶路找不到住宿地的女子也来求宿。柳下惠收留了她，因怕晚上的寒风将她冻坏，所以解开外衣，让她坐在自己的怀里，并用外衣来紧紧裹着他，一直坐到天明，也没有非礼越轨的行为。这就是柳下惠“坐怀不乱”的故事。③司晨：打鸣报晓，这里是比喻早起勤政，忠于职守。④求友：出自《诗经·小雅·伐木》："伐木丁丁，鸟鸣嘤嘤。出自幽谷，迁于乔木。嘤其鸣矣，求其友声。"⑤此则评语据《啸园丛书》本补。

**【译文】**玉兰花,是花中的伯夷(高贵而且纯洁);葵花,是花中的伊尹(一片丹心);莲花,是花中的柳下惠(出污泥而不染)。白鹤,是鸟类中的伯夷(仙风道骨);公鸡,是鸟类中的伊尹(晨起报晓);黄莺,是鸟类中的柳下惠(只为求得知音)。

# 214. 蠹鱼与蜘蛛

无其罪而虚受恶名者,蠹鱼①也(蛀书之虫另是一种,其形如蚕蛹而差小②);有其罪而恒逃清议③者,蜘蛛也。

张竹坡曰:自是老吏断狱。

李若金曰:予尝有除蛛网说,则讨之未尝无人。

**【注释】**①蠹(dù)鱼:体小,有银白色细鳞,形似鱼,故名。又名纸鱼、衣鱼。②差小:较小,略小。差,比较,略微。③清议:旧时指社会名流对时政或政治人物的议论,这里指舆论。

**【译文】**没有犯罪而无辜的背上罪名,比如蠹鱼(蛀书的虫是另一种,它的形状就像稍微小些的蚕蛹);有犯罪而总是逃过舆论谴责的,比如蜘蛛。

# 215. 臭腐与神奇的转化

臭腐化为神奇，酱也，腐乳也，金汁<sup>①</sup>也；至神奇化为臭腐，则是物皆然。

袁中江曰：神奇不化臭腐者，黄金也，真诗文也。

王司直曰：曹操、王安石文字<sup>②</sup>，亦是神奇出于臭腐。

**【注释】**①金汁：即粪清。明宋应星《天工开物·火药料》中提到过这种东西，据说就是用棉纸过滤后贮藏一年以上的粪中清汁。②曹操：字孟德，小名阿瞒，汉沛国谯人。三国时，为魏国丞相，后追尊为太祖武帝。王安石：字介甫，号半山，宋抚州临川人。宋代政治家、文学家，"唐宋八大家"之一。

**【译文】**能够由腐臭转化为神奇的东西，比如酱、腐乳和金汁；至于由神奇转化为腐臭的，则所有东西都如此。

# 216. 君子小人相攻之势

黑与白交，黑能污白，白不能掩黑；香与臭混，臭能胜香，香不能敌臭。此君子小人相攻之大势也。

弟木山曰：人必喜白而恶黑，黜臭而取香，此又君子必胜小人之理也。理在，又乌论乎势？

石天外曰：余尝言于黑处着一些白，人必惊心骇目，皆知黑处有白；于白处着一些黑，人亦必惊心骇目，以为白处有黑。甚矣，君子之易于形短，小人之易于见长！此不虞之誉、求全之毁所由来也①。读此慨然。

倪永清曰：当今以臭攻臭者不少。

【注释】①不虞之誉：没有意料到的赞扬。虞，料想。求全之毁：一心想保全声誉，反而受到毁谤。毁，毁谤。

【译文】黑的与白混合在一起的时候，黑的能够玷污白的，而白的却不能把黑的掩住；香味与臭味混合在一起的时候，臭味能把香味盖住，而香味却盖不过臭味。这就是君子和小人相攻时的大体趋势。

# 217. 耻治君子，痛治小人

"耻"①之一字，所以治②君子；"痛"③之一字，所以治小人。

张竹坡曰：若使君子以耻治小人，则有耻且格④；小人以痛报君子，则尽忠报国。

【注释】①耻：进行道德谴责，使其知耻。②治：前一个是约束之意，后一个是惩罚之意。③痛：惩罚肉体使之痛苦。④有耻且格：出自《论语·为政》："道之以德，齐之以礼，有耻且格。"意思是使人有知耻之心，则能自我检点归于正道。格，来到，这里是人心归顺的意思。

【译文】"耻"这个字，是用来约束有德君子的；"痛"这个字，是用来惩罚无耻小人的。

# 218. 镜不能自照

镜不能自照，衡不能自权①，剑不能自击②。

倪永清曰：诗不能自传，文不能自誉。

庞天池曰：美不能自见，恶不能自掩。

【注释】①衡：秤杆，泛指秤。权：本指秤砣，这里作动词用，指称重、衡量。②击：格击，攻击。

【译文】镜子不能照见自己的样子，秤不能称量自己的重量，宝剑不能攻击自己。

# 219. 诗不必穷而后工

古人云："诗必穷而后工。"①盖穷则语多感慨，易于见长耳。若富贵中人，既不可忧贫叹贱。所谈者不过风云月露②而已，诗安得佳? 苟思所变，计惟有出游一法。即以所见之山川风土物产人情。或当疮痍兵燹③之余，或值旱涝灾祲④之后，无一不可寓之诗中。借他人之穷愁，以供我之咏叹，则诗亦不必待穷而后工也。

张竹坡曰：所以郑监门⑤《流民图》独步千古。

倪永清曰：得意之游，不暇作诗；失意之游，不能作诗。苟能以无意游之，则眼光识力，定是不同。

尤悔庵曰：世之穷者多而工诗者少，诗亦不任受过也。

【注释】①诗必穷而后工：北宋著名文学家欧阳修提出的一种文学主张，他在《梅圣俞诗集序》中说："盖愈穷则愈工。然则非诗之能穷人，殆穷者而后工也。"②风云月露：指绮丽浮靡，吟风弄月的诗文。《隋书·李谔传》载："隋李谔上书请正文体，批评当时的文章：'连篇累牍，不出月露之形；积案盈箱，唯是风云之状。'"③疮痍：创伤，比喻人民遭受灾祸后的疾苦。兵燹（xiǎn）：因战争而遭受的焚烧破坏等灾害。④灾祲(jìn)：灾害，灾难。祲，阴阳二气相侵所形成的象征不祥的云气。⑤郑监门：即郑侠，字介夫，号一拂居士、大庆居士，北宋诗人。因曾任京城安上门的监门小吏，世称郑监门。熙宁六年至翌年三月大旱，郑侠因画《流民图》给宋神宗，反映民间疾苦，极言新政之失，请求罢除新法，"神宗反复览图，长吁数四，袖以入，是夕寝不能寐"。翌日，下令诸路上报人民流散原因，青苗、免役法暂停追索，方田、保甲法罢除。

【译文】古人说："一定要被贫困煎熬过的诗人才能写出上乘之作。"大概是因为诗人历过困难坎坷之后，写出的诗句中才会有很多令人感慨和动容的言辞，容易表现出真实情感。如果是富贵之人，就不能对贫困和低贱感同身受，就算写出的诗句也不过是绮丽浮靡，吟风弄月罢了，这样写出来的诗词，怎么能称得上是好诗呢？如果想要有所改变，唯一的办法就是外出游历，亲眼所见的山川物产、风土人情，或者战后的满目疮痍，或者旱涝灾害之后的悲惨景象，这些都可以寄寓在诗中。像这样借用别人的困顿忧愁，为自己提供写诗时的感情，那么诗人也就不一定非要等到自己困顿以后才写得出好诗了。

# 《幽梦影》跋一

　　昔人云：梅花之影，妙于梅花。窃意影子何能妙于花？惟花妙则影亦妙，枝干扶疏，自尔天然生动。凡一切文字语言，总是才子影子，人妙则影自妙。此册一行一句，非名言即韵语，皆从胸次体验而出，故能发人警省。片玉碎金，俱可宝贵，幽人梦境，读者勿作影响观①可矣。

南村张惣识

　　**【注释】**①作影响观：即当成无足轻重的影子、声响看待。

　　**【译文】**古人说：梅花的影子比梅花本身更具神韵。我想影子怎么能比花本身更具神韵呢？只有花美，影才会美，枝叶繁茂，高低疏密有致，花木生动自然。大凡所有的诗词文章，都是才子的感悟。本书的每一行每一句，不是名言就是浑然天成的诗句，都是真情实意的有感而发，因此能够发人深省。片玉碎金，都值得珍视，幽人梦境，读者切勿当成无足轻重的说法看待就可以了。

南村张惣记

# 《幽梦影》跋二

　　抱异疾者多奇梦，梦所未到之境，梦所未见之事。以心为君主之官，邪干之，故如此。此则病也，非梦也。至若梦木撑天、梦河无水，则休咎①应之；梦牛尾、梦蕉鹿②，则得失应之，此则梦也，非病也。心斋之《幽梦影》非病也，非梦也，影也。影者惟何？石火之一敲，电光之一瞥也。东坡所谓"一掉头时生老病，一弹指顷去来今"也。昔人云："芥子具须弥。"心斋则于倏忽备古今也。此因其心闲手闲，故弄墨如此之闲适也。心斋岂长于勘梦者也！然而未可向痴人说也。

　　　　　　　　　　　　　　寓东淘香雪斋江之兰跋

　　**【注释】**①休咎：吉与凶；善与恶：卜来年之休咎。②蕉鹿：语出《列子·周穆王》："郑人有薪于野者，遇骇鹿，御而击之，毙之。恐人见之也，遽而藏诸隍中，覆之以蕉，不胜其喜。俄而遗其所藏之处，遂以为梦焉。"蕉，通"樵"。后以"蕉鹿"指梦幻。

　　**【译文】**有奇怪的病症的人经常做奇怪的梦，梦到从来没去过的地方，梦到从来没见过的事情。这是因为心脏就像地位最高的"君主"，主导和统率全身各脏腑功能，邪病干预心脏，所以就会这样。这是预示着病症，并非单纯做梦。至于要是梦到木撑天、河无水，则对应吉凶、祸福；梦到牛尾、蕉鹿，则预示着成功和失败。这些就是单纯做梦，并非因为疾病。心斋的《幽梦影》非病，非梦，是影。影就如同电光石火般短暂，随形而生，虚幻多变。苏东坡说的："一掉头时生老病，一弹指顷去来今"。古人说："微小的芥子中能容纳巨大的须弥山。"心斋则是顷刻间备录古今。这凭借的是他心闲、手闲，因此可以著成这样的闲适之文。心斋难道是擅长堪梦的人吗？然而不可向痴人说啊。

寓东淘香雪斋江之兰记

# 《幽梦影》跋三

昔人著书，间附评语，若以评语参错书中，则《幽梦影》创格也。清言隽旨，前于后喝，令读者如入真长座中，与诸客周旋，聆其謦欬①，不禁色舞眉飞，洇翰墨②中奇观也。书名曰梦、曰影，盖取六如③之义，饶广长舌④，散天女花，心灯意蕊，一印印空，可以悟矣。

乙未夏日震泽杨复吉识

【注释】①謦(qǐng)欬(kài)：谈笑。②翰墨：原指笔、墨，比喻文章、书画。③六如：也称六喻。佛教以梦、幻、泡、影、露、电，喻世事之空幻无常。《金刚经·应化非真分》："一切有为法，如梦、幻、泡、影，如露亦如电，应作如是观。"④广长舌：在因地修行中不妄语所感得的果相。

【译文】古人著书，中间随带加注评语，若是把评语与书的内容互相错杂，则是《幽梦影》独创的。清雅的言论意味深长，前感叹后应和，让读者有一种好像真的坐在一群长者中，与在座长者应酬交际，聆听他们谈笑风生，使人不由得眉飞色舞，确实是文章中的奇景。书名称"梦"、称"影"，大概是从"六如"中得到启发，感受人生的真谛，常在电光石火的梦幻中才体会得透彻，有猛然一悟的意思，更有如梦似幻的感受。

乙未年夏日震泽杨复吉记

幽梦续影

（清）朱锡绶 著

# 潘祖荫序

　　吾师镇洋朱先生，名锡绶，字撷筠，盛君大士高足[①]弟子也。著作甚富，屡困名场。后作令湖北，不为上官所知，郁郁以殁。祖荫觿龀之年[②]，奉手受教。每当岸帻奋麈[③]，陈说古今，聋瞆发蒙，使人不倦。自咸丰甲寅，先生作吏南行，遂成契阔。先生诗集已刊，版毁于火，他著述亦不存。仅从亲知传写得此一编，大率皆阅世观物、涉笔排闷之语。元题曰《幽梦续影》，略如屠赤水、陈麋公所为小品诸书。虽绮语小言，而时多名理。祖荫不忍使先生语言文字无一二存于世间，辄为镂版，以贻胜流屋乌储胥[⑤]，聊存遗爱。然流传止此，益用感伤。昔宋明儒门弟子，刊行其师语录，虽琐言鄙语，皆为搜存，不加芟饰。此编之刊，犹斯志也。

光绪戊寅四月门人潘祖荫[⑥]记

**【注释】**①大士：德行高尚的人。高足：敬辞，用作赞扬别人的弟子本领高强。②觿（xī）韘（shè）之年：指童年。觿，由象骨制成解绳结饰物。韘，古代射箭时套在大拇指的器具，以象骨制成。《诗经·卫风·芄兰》载："芄兰之叶，童子佩韘。"③岸帻：推起头巾，露出前额。形容态度洒脱，或衣着简单不拘。奋麈：即挥麈，指谈论。④亹（wěi）亹：勤勉不倦貌。⑤胜流：出名的人士。屋乌，即"屋上乌"，指推爱之所及。储胥：储备待用之物。⑥潘祖荫：字在钟，小字凤笙，号伯寅，亦号少棠、郑盦，吴县（今江苏苏州）人。清代官员、书法家、藏书家。咸丰二年一甲三名进士，探花。官至工部尚书。通经史，精楷法，藏金石甚富。有《攀古楼彝器图释》。辑有《滂喜斋丛书》《功顺堂丛书》。

【译文】我的老师是镇洋朱先生，名锡绶，字撷筠，盛君大士的高徒。著作颇丰，屡屡困于科场。后于湖北黄安任知县，不被长官认可，忧郁而终。祖荫童年时就受教于先生。每当挥麈纵论时，姿态洒脱，论今说古，侃侃而谈，发人深省，使人不知疲倦。从咸丰四年（1854）开始，老师去南方为官，于是就此别离。虽然老师的诗集已经刊印，但是雕版却毁于火灾之中，先生的其他著述也不存于世。仅从亲戚朋友那传写得此一书，大都是老师历经世事、游览各地，写下的排遣烦闷的言辞。开始起名为《幽梦续影》，大概是与屠赤水、陈麋公写的杂谈、随笔之类的杂文有关联。虽然文辞华美，言不入道，但是时多名理。祖荫不忍让老师的言论失传于世，于是刊印成册，赠送给那些爱屋及乌的名士用来收藏，暂时保存起来，当作留给后代的德惠。先生著述丰富缺仅存此一书，不觉悲从中来。昔日宋明时期的儒家弟子，出版发行他们老师的语言论文，即使是琐碎的言语和俗语，都收集起来出版，且不加修饰。而本书的出版刊行，则体现了我的这种志向。

光绪戊寅四月门人潘祖荫记

# 001. 嗜好与外在表现

真嗜酒者气雄，真嗜茶者神清，真嗜笋者骨癯<sup>①</sup>，真嗜菜根<sup>②</sup>者志远。

粟隐师云：余拟赠啸筠楹帖<sup>③</sup>曰："神清半为编《茶录》<sup>④</sup>，志远真能嗜菜根。"

【注释】①癯：清瘦。②菜根：宋朱熹《小学》第六章："汪信民尝云：'人常咬得菜根，则百事可做。'"这里以菜根比喻艰苦的生活。③啸筠：即朱锡绶，字撷筠，一字筱云，又字啸筠，号弇（yǎn）山草衣，江苏镇洋（今太仓）人。道光二十六年（1846）举人，任湖北黄安知县，工诗，兼工绘画。楹帖：对联。④《茶录》：宋蔡襄著，内容论及茶、茶器和烹茶之法等。

【译文】真正喜好喝酒的人气魄雄健，真正喜好饮茶的人心神清爽，真正喜好吃笋的骨骼清癯，真正喜好吃菜根的人志存高远。

# 002. 鹤·马·兰·松

鹤令人逸,马令人俊,兰令人幽,松令人古。

华山词客云:"蛩<sup>①</sup>令人愁,鱼令人闲,梅令人瘛,竹令人峭<sup>②</sup>。"

**【注释】**①蛩:蟋蟀。②峭:峭拔。

**【译文】**鹤使人感到安逸脱俗,马使人感到雄健俊朗,兰花使人感到沉静幽雅,松柏使人感到高雅古朴。

# 003. 善贾与善文

善贾无市井气,善文无迂腐气。

张石顽<sup>①</sup>云:"善兵无豪迈<sup>②</sup>气。"

**【注释】**①张石顽:即张璐,清初医学家。名璐,字路玉,晚号石顽老人。长洲（今江苏苏州）人。著有《张氏医通》。②豪迈：这里指锋芒外露。

【译文】擅长做生意的人没有市井之气，擅长写文章的人没有陈腐刻板之气。

# 004. 学导引与得科第

学导引[①]是眼前地狱，得科第是当世轮回[②]。

陆眉生云："昵倡优[③]是眼下恶道。"

【注释】①导引：一种道家的养生术。通过呼吸俯仰，屈伸手足，使血气流通，促进身体健康。《史记·卷一二八·褚少孙补龟策传》载："江傍家人常畜龟饮食之，以为能导引致气，有益于助衰养老。"②轮回：佛家认为世界众生莫不辗转生死于六道之中，像车轮旋转，称为轮回，惟成佛之人始能免受轮回之苦。③昵：亲近。倡优：妓女优伶。

【译文】学习导引之术寻求长生，无异于立刻进入地狱；得中科举登第扬名天下，就像是当世轮回一次。

# 005. 求孝子必于情人

求忠臣必于孝子，余为下一转语云：求孝子必于情人①。

熊襄骹云：情人又安所求之？

王问莱云："必也其在动心忍性②中。"

【注释】①求忠臣必于孝子：出自《后汉书·韦彪传》："夫国以简贤为务，贤以孝行为首。孔子曰：'事亲孝故忠可移于君，是以求忠臣必于孝子之门。'"，后用求忠出孝。情人：这里指偏重感情的人。②动心忍性：语出《孟子·告子下》："所以动心忍性，增益其所不能。"赵岐注："所以惊动其心，坚忍其性，使不违仁。"多指不顾外界阻力，坚持下去。

【译文】想要忠臣一定要在孝顺的人中寻找，我再加一句：想要孝顺的人一定要在重感情的人中寻找。

# 006. 造化，善杀风景者也

造化①，善杀风景者也，其尤甚者，使高僧迎显宦，使循吏困下僚②，使绝世之姝习弦索③，使不羁之士累米盐④。

补桐生云：和尚四大皆空⑤，虽迎显宦，无有显宦。

【注释】①造化：自然界的创造者，也指自然。②循吏：奉职守法的官吏。下僚：职位低微的官吏。左思《咏史》："世胄蹑高位，英俊沉下僚。地势使之然，由来非一朝。"③姝：美女。弦索：指丝弦乐器。"使绝世之姝习弦索"，犹言让绝世美女当艺伎。④不羁之士：不受约束的读书人。出自汉邹阳《于狱上书自明一首》："使不羁之士，与牛骥同皂（zào）。"累米盐：指为生计所累。⑤四大皆空：佛教用语。佛教认为所有物质都由地、水、火、风四大构成，而四大又从空而生，因此世间的一切事物都是空虚的，旧时以"四大皆空"表示看破红尘。

【译文】造物主，总是惯于大煞风景的。最煞风景的，让得道高僧去迎接达官显宦，让清正廉洁的好官长期得不到升迁，让绝世美女沦落风尘供人消遣，让豪放不羁之士为柴米油盐所累。

# 007. 静坐的好处

日间多静坐，则夜梦不惊；一月多静坐，则文思便逸。

黄鹤笙云：甘苦自得。

**【译文】**一整天多多静心安坐，则晚上就不会被噩梦惊扰；一月内多多地静心安坐，则行文时就会才思敏捷。

# 008. 观虹销雨霁时

观虹销雨霁①时，是何等气象；观风回海立时，是何等声势。

陆又珊云：我师意殆②谓改过宜勇，迁善③宜速。

**【注释】**①虹销雨霁：彩虹消失，雨过天晴。出自唐王勃《滕王阁序》："虹销雨霁,彩彻云衢,落霞与孤鹜齐飞,秋水共长天一色。"②殆:恐怕,大概。③迁善:改过向善。

【译文】观看雨过天晴、彩虹消失时的景象,是多么气象万千;观看风卷海浪翻腾倒立的景观,是多么声势磅礴。


# 009. 莫炫

贪人之前莫炫宝,才人之前莫炫文,险人①之前莫炫识。

悼秋云:妒妇之前莫炫色。

忏绮生云:妄人②之前莫炫才。

【注释】①险人:阴险狠毒的人。②妄人:狂妄自大的人。

【译文】在贪婪的人面前不要炫耀财宝,在有才华的人面前不要卖弄文采,在阴险狠毒的人面前不要夸耀学识。


# 010. 文人富贵与富贵能诗

文人富贵,起居便带市井;富贵能诗,吐属①便带寒酸。

华山词客云：不顾俗眼②惊。

王寅叔云：黄白③是市井家物，风月是寒酸家物。

【注释】①吐属：谈话的语句，谈吐。《老残游记二编·第二回》载："老残也自悔失言，心中暗想看此吐属，一定是靓云无疑了。"②俗眼：世俗的眼光，浅薄的见识。③黄白：即金银，代指钱财。

【译文】文人一旦富贵，举手投足间就带有市井小人的俗气；富贵之人如果能作诗，谈吐中就带有穷书生的寒酸气。

# 011. 花是美人后身

花是美人后身。梅，贞女也；梨，才女也；菊，才女之善文章者也；水仙，善诗词者也；荼蘼①，善谈禅者也；牡丹，大家中妇②也；芍药，名士之妇也；莲，名士之女也；海棠，妖姬也；秋海棠，制于悍妇之艳妾也；茉莉，解事雏鬟③也；木芙蓉④，中年侍婢也；惟兰为绝代美人，生长名阀⑤，耽于词画，寄心清旷，结想琴筑⑥，然而闺中待字⑦，不无迟暮之感。优此则绌彼，理有固然，无足怪者。

眉影词人云：桂，富贵家才女也；剪秋罗，名士之婢妾也。

省缘师云：愿普天下勿栽秋海棠。

【注释】①荼蘼: 荼蘼花在春季末夏季初开花, 凋谢后即表示花季结束, 宋苏轼《杜沂游武昌以荼蘼花菩萨泉见饷》:"荼蘼不争春, 寂寞开最晚。"因此品性, 故善谈禅。②中妇: 这里指妻子。③雏鬟: 年轻女子。④木芙蓉: 俗称芙蓉或芙蓉花。又称木莲、地芙蓉。落叶灌木或小乔木。叶掌状, 秋季开白或淡红色花, 结蒴果, 有毛。⑤名阀: 有名望的门第。⑥筑: 古代弦乐器, 像琴, 十三根弦, 用竹尺敲打。⑦待字: 指女子尚未许配。

【译文】花是美人来世之身。梅花是贞洁女子转生的, 梨花是有才华的女子转生的, 菊花是擅长作文的才女转生的, 水仙是擅长诗词的才女转生的, 荼蘼是善于谈说禅机的女子转生的, 牡丹是豪门贵族中的夫人转生的, 芍药是有名望之士的夫人转生的, 莲花是有名望人士的女儿转生的, 海棠是妖冶的女子转生的, 秋海棠是受制于凶悍主妇的美妾转生的, 茉莉是通晓人事的少女转生的, 木芙蓉是中年婢女转生的; 只有兰花是风华绝代的美人转生的, 生长于名门望族之家, 喜欢诗词书画, 心胸清远旷达, 能够托琴言志, 然而未嫁之时, 却常常有美人迟暮之感。在这方面有优势, 在那方面就会有不足, 本来就是这样的, 有什么值得奇怪的呢。

# 012. 能受折磨者

能食澹饭者, 方许尝异味; 能溷市嚣①者, 方许游名山; 能受折磨者, 方许处功名。

　　郑庵云: 然则夫子何以不豫色然②?

　　**【注释】**①涺(hùn): 苟且过活, 混日子。市嚣: 喧闹的场所。
②夫子何以不豫色然: 据《孟子·公孙丑下》载: 孟子去齐, 充虞路问曰:"夫子若有不豫色然。前日虞闻诸夫子曰:'君子不怨天, 不尤人。'"孟子曰:"彼一时, 此一时也。"不豫色然, 意思是脸上露出不高兴的样子。

　　**【译文】**能吃下粗茶淡饭的人, 才能尝到不同寻常的美味; 能混迹于市井喧嚣中的人, 才能尽情畅游名山大川; 能承受苦难折磨的人, 才能功成名就。

# 013. 谈禅雨谈酒

　　非真空不宜谈禅, 非真旷不宜谈酒。

　　莲衣云: 居士奈何自信真空。

　　香祖主人云: 始知吾辈大半假托空旷。

　　**【译文】**没有真正达到空虚无物的境界, 不适合谈禅; 没有真正达到心胸阔达, 不适合谈酒。

# 014. 善得天趣

　　雨窗作画，笔端便染烟云；雪夜哦诗，纸上如洒冰霰<sup></sup>①。是谓善得天趣。

　　诗盦云：君师盛兰雪先生云："冰雪窖中人对语，更于何处着尘埃。"冷况仿佛。

　　**【注释】**①霰（xiàn）：空中降落的白色不透明的小冰粒，常呈球形或圆锥形。

　　**【译文】**在细雨蒙蒙的窗下作画，笔端也好像浸染了氤氲湿气；在白雪簌簌的夜晚作诗，纸上就像洒落一层白色的小冰粒。这就是善于抓住自然的情趣。

# 015. 可破涕为笑之举

　　凶年①闻爆竹，愁眼见灯花②，客途得家书，病后友人邀听弹琴, 俱可破涕为笑。

沈石生云: 客中病后, 凶年愁眼, 奈何?

【注释】①凶年: 荒年。《孟子·梁惠王上》载: "是故明君制民之产, 必使仰足以事父母, 俯足以畜妻子, 乐岁终身饱, 凶年免于死亡。"②灯花: 灯芯燃烧时结成的花状物。一般认为是吉祥的征兆。

【译文】荒年听到喜庆的爆竹声, 忧愁中看到吉祥的灯花, 羁旅中收到家中的书信, 病愈后受好友邀请去听弹琴, 都能够让人破涕为笑。

# 016. 访友不待亲接言笑

观门径可以知品, 观轩馆①可以知学, 观位置可以知经济②, 观花卉可以知旨趣③, 观楹帖可以知吐属, 观图画可以知胸次④, 观童仆可以知器宇⑤。访友不待亲接言笑也。

香祖主人云: 此君随地用心, 吾甚畏之。

【注释】①轩馆: 高敞的精舍。②位置: 此处指房屋的摆设。经济: 生活用度, 家境。③旨趣: 要旨、大意。④胸次: 胸怀。⑤器宇: 气度、胸襟。

【译文】观察住宅的大门和过道就可以知道主人的品级，观察庭院的轩舍就可以知道主人的学识，观察客厅的摆设可以知道主人的家境，观察庭院的花木就可以知道主人的生活趣味，观察悬挂的楹联就可以知道主人的谈吐风雅与否，观察陈列的图画就可以了解主人的胸怀，观察家童仆役就可以了解主人的胸襟气度。这样去朋友家做客不用亲自接触交谈，就能了解这个人了。

# 017. 三恨

余亦有三恨：一恨山僧多俗，二恨盛暑多蝇，三恨时文①多套。

赵享帚云：第三恨务请释之。

【注释】①时文：指科举应制的八股文，其写作有一套固定的格式。

【译文】心斋有十恨，我也有三恨：一恨山中寺院的僧人大多都很庸俗，二恨盛夏苍蝇太多，三恨科举八股文沿袭老套，没有创新。

## 018. 庭中花与室中花

蝶使之俊,蜂使之雅,露使之艳,月使之温,庭中花斡旋<sup>①</sup>造化者也。使名士增情,使美人增态,使香炉茗碗增奇光,使图画书籍增活色,室中花附益<sup>②</sup>造化者也。

星农云:啸筠之画庭中花,啸筠之诗室中花。

【注释】①斡旋:调解周旋。这里是协调的意思。②附益:增加。

【译文】蝴蝶使庭院中的花朵俊悄,蜜蜂使庭院中的花朵雅致,露水使庭院中的花朵娇艳,月光使庭院中的花朵温和,庭院中的花朵是大自然的协调员。屋室中的花使名士情思勃发,使美人妖媚多姿,使香炉茶碗增添光彩,使图画书籍生动逼真,屋室中的花是增加自然内涵的。

## 019. 惜花与爱才

无风雨不知花之可惜,故风雨者,真惜花者也;无患难不知才之可爱，故患难者，真爱才者也。风雨不能因惜花而止，患难不能因爱才而止。

仙洲云：晴日则花之发泄太甚①，富贵则才之剥削太甚②。故花养于轻阴，才醇于微晦③。

【注释】①发泄太甚：生长过于茂盛。②剥削太甚：指压榨太过。③微晦：不太顺利。晦，倒霉。

【译文】没有风雨的摧残，就不懂怜惜花朵，所以风雨才是真正的惜花者；不经历灾祸磨难，就不懂珍惜才华，所以灾祸磨难才是真正的爱才者。风雨不会因为惜花而停止，灾祸磨难不会因为爱才而消失。

# 020. 学琴与学剑

琴不可不学，能平才士之骄矜；剑不可不学，能化书生之懦怯。

香轮词客云：中散①善琴，去不得骄矜二字。

毕雄伯云：气静则骄矜自化，何必学琴；气充则懦怯自除，何必学剑。

【注释】①中散：这里指魏晋名士嵇康，因授官中散大夫，故称嵇中散。善抚琴，为人疏狂，蔑视礼数。

【译文】不可不学琴，学琴能收敛有才之士的傲气；不可不学剑，学剑能改变读书人的懦弱性情。

# 021. 造化本怀之事

美味以大嚼尽之，奇境以粗游了之，深情以浅语①传之，良辰以酒食度之，富贵以骄奢处之。俱失造化本怀。

张企崖云②：黄白以悭吝守之，翻似曲体造化。

【注释】①浅语：无深意的话语。②张企崖的这两句由"富贵以骄奢处之"而发，意思是死守着金银这种做法，反倒像是细心地体察了造物主的用意。翻，同"反"。曲体，细心体察。

【译文】囫囵吞枣地吃美食，浮光掠影地游览奇境，轻描淡写地表达深情，大吃大喝度过良辰美景，骄奢淫逸地挥霍财富。这些都有悖于造物主的本意。

# 022. 处境无两得

楼之收远景者, 宜游观不宜居住; 室之无重门者, 便启闭不便储藏。庭广则爽, 冬累<sup>①</sup>于风; 树密则幽, 夏累于蝉。水近可以涤暑<sup>②</sup>, 蚊集中宵<sup>③</sup>; 屋小可以御寒, 客窘炎午<sup>④</sup>。君子观居身无两全, 知处境无两得。

少郭云: 诚如君言, 天下何者为安宅?

【注释】①累: 牵累, 打扰。②涤暑: 消暑。③中宵: 夜半。④客窘炎午: 意思是在炎热的中午, 就会感到窘迫难受。

【译文】如果是能望到远处景观的楼阁, 就适宜游览观看而不适宜居住; 如果是没有层层设门的房间, 就便于开关而不适合储藏。宽敞的庭院就凉快, 但冬天却为寒风所扰; 树木茂盛就幽静, 但夏天却受到蝉鸣的骚扰。居所离水近可以消暑, 但夜间蚊子却很多; 小房间可以抵御寒冷, 但在炎热的中午待客时却会感到闷热难受。君子看到就是居处都不能两全其美, 就可以接受人生在世不能名利两得了。

# 023. 纵酒与作札

忧时勿纵酒，怒时勿作札①。

粟隐师云：非杜康②何以解忧？

【注释】①札：信件，书信。②杜康：据《史记》载为夏朝的国君，道家。传说中最早造酒的人，后以杜康指代酒。曹操《短歌行》："何以解忧，唯有杜康。"

【译文】忧愁时不能纵情饮酒，发怒时不要给人写信。

# 024. 耗神与养神

不静坐不知忙之耗神者速，不泛应不知闲之养神者真。

钱云在曰：不阅历不知《幽梦续影》之说理者精。

【译文】没有过静坐的经历就不能体会到忙碌有多么耗费人的精

气，没有过忙于应酬的时候就不能理解清闲能修身养性的真谛。

# 025. 凶笔学文

笔苍者学为古①，笔隽者学为词，笔丽者学为赋，笔肆者学为文②。

熊襄舲云：笔高浑者学为诗。

【注释】①古：指古文，是一种文体名。原指先秦两汉以来用文言写的散体文，相对六朝骈体而言。后则相对科举应用文体而言。②文：这里的文当指写山川风物的杂记文。

【译文】文笔苍劲的人适合学习作古文，文笔隽永的人适合学习写词，文笔华丽的人适合学习作赋，文笔豪迈的人适合学习写杂文。

# 026. 阅读与速度

读古碑宜迟，迟则古藻徐呈；读古画宜速，速则古香①顿溢;读古诗<sup>②</sup>宜先迟后速,古韵<sup>③</sup>以抑而后扬;读古文宜先速后迟,古气以挹<sup>④</sup>而愈永。

梅亭云:若得摩诘辋川真本<sup>⑤</sup>,肯使其古香顿溢乎?

**【注释】**①古香:古雅的情调。②古诗:当指古体诗,也称古风。是与律诗、绝句等近体诗相对而言的诗体。篇幅长短不一,句式有三言、五言、七言、四言、六言、杂言诸体。格律比较自由,不拘对仗、平仄,用韵较宽。③古韵:泛指古汉语(上古、中古)音韵。④古气:古代诗文的气韵。挹(yì):舀,把液体盛出来,这里指汲取。⑤摩诘:即王维,字摩诘,唐代诗人、画家。晚年居蓝田辋川,曾绘《辋川图》。苏轼称他诗中有画,画中有诗。真本:出于书法家或画家本人之手的作品。

**【译文】**读古碑文应慢慢细品,慢才能欣赏到那徐徐展开的古朴辞藻;读古画应该快速浏览,快才能感觉到那扑面溢放的古雅情调;读古体诗应该先慢后快,因为古诗的音韵往往是先抑后扬;读古文应该先快后慢,因为汲取的古文的气韵越来越隽永。

# 027. 数息与任气

物随息生,故数息<sup>①</sup>可以致寿;物随气灭,故任气<sup>②</sup>可以致夭。欲长生,只在呼吸求之;欲长乐,只在和平<sup>③</sup>求之。

澹然翁云: 信数息而不信导引, 何耶?

【注释】①数息: 佛教用语, 一种静修之法, 专心默数呼吸的出入, 从一至十, 循环计数, 意在改正心思的散乱, 使心恬静宁一。②任气: 意气用事。③和平: 心平气和。

【译文】万物随着自然的呼吸而生存, 所以修炼数息法, 能使心恬静安宁而得以长寿; 万物随着自然的呼吸的停止而灭亡, 所以意气用事可以导致死亡。想要长生, 只需修炼呼吸之法; 想要长乐, 只需心平气和。

# 028. 雪、石、月之妙

雪之妙在能积, 云之妙在不留, 月之妙在有圆有缺。

二如云: 月妙在缺, 天下更无恨事。

香轮云: 山之妙在峰回路转, 水之妙在风起波生。

【译文】白雪的妙处在于层层堆积, 云朵的妙处在于从不停留, 皎月的妙处在于阴晴圆缺。

# 029. 为素心开三径

为雪朱阑,为花粉墙①,为鸟疏枝,为鱼广池,为素心开三径②。

梅华翁云:一二句画理,三四句天机,第五句古人风。

【注释】①粉墙:涂刷成白色的墙。②素心:本心,素愿。南朝梁江淹《杂体诗·效陶潜(田居)》:"但愿桑麻成,蚕月得纺绩。素心正如此,开径望三益。"这里指心地纯朴。三径:《三辅决录》卷一:"蒋许归乡里,荆棘塞门,舍中有三径,不出,惟求仲、羊中从之游。"旧因指归隐后所居住的田园。

【译文】为了剔透的白雪,把栏杆漆成朱红色;为了娇艳的花朵,把墙壁粉刷成白色;为了林间的飞鸟,把枝叶修剪得稀疏;为了畅游的鱼儿,将池塘拓宽扩大;为了心境宁静,寻找田园隐居。

# 030. 建筑要有所凭借

筑园必因石,筑楼必因树,筑榭必因池,筑室必因花。

春山云: 园亭之妙, 一字尽之, 曰借, 即因之类耳。

【译文】修建园林必须在有奇石之地, 建造楼阁必须在有树木之地, 建造台榭必须在有池塘之地, 建造屋室必须在花草茂盛之地。

# 031. 花木之百态

梅绕平台, 竹藏幽院, 柳护朱楼, 海棠依阁, 木犀匝庭①, 牡丹对书斋, 藤花蔽绣闼②, 绣球③傍亭, 绯桃照池, 香草漫山, 梧桐覆井, 荼蘼隐竹屏, 秋色④倚栏干, 百合仰拳石⑤, 秋萝亚⑥曲阶, 芭蕉障文窗⑦, 蔷薇窥疏帘⑧, 合欢俯锦帏, 柽花媚纱槅⑨。

鄂生云: 红杏出墙, 黄菊缀篱, 紫藤掩桥, 素兰藏室, 翠竹碍户。

【注释】①木犀: 也作木樨, 即桂花。匝: 环绕。②绣闼: 即绣房, 旧时青年女子居住的房子。闼, 小门。③绣球: 花名, 也称粉团、八仙花。落叶灌木, 夏季开花, 成五瓣, 球形, 色白或淡红。④秋色: 吴中称雁来红等花卉为秋色。⑤拳石: 指园林假山。⑥亚: 通"压", 低垂的样子。⑦文窗: 镂刻花纹的窗户。⑧疏帘: 指稀疏的竹织窗帘。⑨柽花: 即柽柳, 也叫三春柳或红柳。落叶小乔木, 老枝红色, 叶子像鳞片, 夏秋两季开花,花淡红色,结蒴果。纱楄:纱窗。

【译文】梅树围绕平台,翠竹种植在幽静的院落,柳树护卫着红色楼阁,海棠依偎着亭阁,木犀花环绕着前庭,牡丹花对着书房,藤花遮蔽着绣房,绣球依傍着凉亭,绯红桃花映照着池塘,香草铺满了假山,梧桐也覆盖了井沿,荼蘼藏身在竹屏后,雁来红倚靠着栏杆,百合花仰望着园林假山,攀绕的秋萝低垂在弯弯曲曲的台阶上,芭蕉遮挡着镂刻花纹的窗户,蔷薇窥探着稀疏的竹帘,合欢俯伏在色彩华丽的帷幕上,柽柳迎合着纱窗。

# 032. 遣笔四称

花底填词,香边制曲,醉后作草,狂来放歌,是谓遣①笔四称。

师白云:月下舞剑,亦一绝也。

怡云云:绝塞谈兵,空江泛月,亦觉雄旷。

【注释】①遣:这里是运用的意思。

【译文】在花荫下填字写词,在熏香旁填写曲子,乘着酒意书写狂草,在意态狂放时写歌,这就是最适合用笔的四种情况。

# 033. 谈禅与谈玄

谈禅不是好佛，只以空我天怀①；谈元不是羡老②，只以贞我内养③。

稚兰云：谈诗不是慕李杜④，只以写我性情。

【注释】①天怀：出自天性的心怀。②元：即玄，玄学。老：即道家学派创始人老子。③内养：内心修养。④李杜：指李白和杜甫。

【译文】谈禅说意不是喜好佛教，只是以此来使我的心怀达到空虚无物的境界；谈玄论理不是羡慕老子，只是以此来使我的内心修养更加坚定。

# 034. 入之深浅

路之奇者，入不宜深，深则来踪易失；山之奇者，入不宜浅，浅则异境不呈。

警甫云：知此方可陟历①。

**【注释】**①陟（zhì）：登高。

**【译文】**崎岖的道路，进入得不宜太深，太深就容易迷失来时的路；奇异的山川，进入得不宜太浅，浅了不容易看到那些奇妙的境。

# 035. 则动中仍须静

木以动折，金以动缺，火以动焚，水以动溺，惟土宜动①。然而思虑伤脾，燔炙②生冷皆伤胃，则动中仍须静耳。

粟隐云：藏府③精微，隔垣洞见。

**【注释】**①"木以动折"五句：人体五脏肺属金、心属火、肝属木、肾属水、脾属土，体现人体五脏的五种活动现象。②燔（fán）炙：烧与烤。③藏府：即脏腑。

**【译文】**从传统中医理论而言，肝脏属木会因运动而折损，肺脏属金会因运动而缺损，心脏属火会因运动而损伤，肾脏属水会因运动而沉溺，只有属土的脾胃适宜运动。但是思虑过度会伤脾，烧烤生冷的事物都伤胃，因此动中仍要有静。

# 036. 对时间的感觉

习静<sup>①</sup>觉日长，逐忙觉日短，读书觉日可惜。

桐生云：客途日长，欢场日短，侍亲日可惜。

【注释】①习静：习养静寂的心性；亦指过幽静的生活。

【译文】修身养性时总会感到时间过得很慢，奔忙于事务时则感到时间过得很快，读书时则感到光阴如梭让人珍惜。

# 037. 年龄与处境

少年处不得顺境，老年处不得逆境，中年处不得闲境。

涧雨云：中年闲境，最是无聊。

【译文】少年时不置身于顺境中，才能培养出坚韧的精深；老年时不置身于逆境中，懂得求缺惜福，才能安享晚年；中年时不置身于闲境中，才能不断向前，建功立业。

# 038. 种种不浊

素食则气不浊,独宿则神不浊,默坐则心不浊,读书则口不浊。

华潭云:焚香则魂不浊,说士则齿不浊。

【译文】吃素食则呼出的气息没有异味,一人独睡则神清气爽,静心盘坐则心思澄澈,读圣贤之书则言行有礼。

# 039. 大自然的八种意境

空山瀑走,绝壑松鸣,是有琴意;危楼雁度,孤艇风来,是有笛意;幽涧花落,疏林鸟坠,是有筑意;画帘波漾,平台月横,是有箫意;清溪絮扑,丛竹雪洒,是有筝意;芭蕉雨粗,莲花漏续,是有鼓意;碧瓯①茶沸,绿沼鱼行,是有阮②意;玉虫③妥烛,金莺坐枝,是有歌意。

卧梅子云:阮字疑琵琶之误。

雪蕉云: 海棠倚风, 粉篁④洒雨, 是有舞意。

**【注释】**①碧瓯: 碧玉杯。②阮: 乐器名, 形似今之月琴。相传为阮籍所造, 故名。《文苑英华》一九五唐代袁郊《甘泽谣, 红线》: "红线, 潞州节度使薛嵩青衣, 善弹阮, 又通经史。"③玉虫: 灯花。④粉篁: 当指篁竹, 乃竹之一种。晋代戴凯之《竹谱》: "篁竹, 坚而促节, 体圆而质坚, 皮白如霜粉, 大者定午行(作)船, 细者为笛。"

**【译文】**空旷幽静的山谷瀑布飞泻, 深不见底的峡谷松涛鸣响, 能够引发弹琴的兴致; 大雁飞过高楼, 清风吹孤舟, 能够引起吹笛的兴致; 幽深的溪涧花飞花落, 稀疏的山林飞鸟坠落, 能够引起击筑的兴致; 画帘外湖水微波荡漾, 静谧的平台洒下一片月光, 能够引起吹箫的兴致; 清澈的小溪上柳絮飞扑, 翠绿的竹林中飞雪飘舞, 能够引发弹筝的意境; 粗大的雨点敲打着芭蕉, 莲花上的水珠像夜漏一样持续不断, 能够引发击鼓的兴致; 玉杯中茶水翻腾, 绿色的池水中游鱼嬉戏, 能够引起弹阮的兴致; 烛台中灯花爆裂, 黄莺站立在枝头, 能够引起唱歌的兴致。

# 040. 医五脏

琴医心, 花医肝, 香医脾, 石①医肾, 泉医肺, 剑医胆。

蝶隐云：琴味甘平，花辛温，香辛平而燥，石苦寒，泉甘平微寒，剑辛烈有小毒。

【注释】①石：指古代用来治病的针，这里指针灸。

【译文】琴音让人心旷神怡，能够养心；赏花让人平心静气，能够养肝；闻香让人味觉大开，能够养脾；针灸可以治病养生，能够养肾；泉水可以净化空气，能够养肺；舞剑可以锻炼身体，能够养胆。

# 041. 论人之"盲"

对酒不能歌①，盲于口；登高不能赋②，盲于笔；古碑不能橅③，盲于手；名山水不能游，盲于足；奇才不能交，盲于胸；庸众不能容，盲于腹；危词④不能受，盲于耳；心香⑤不能嗅，盲于鼻。

伯寅云：由此观之，不盲者鲜矣。

【注释】①对酒不能歌：取意于曹操《短歌行》："对酒当歌，人生几何。"②登高不能赋：取意于《韩诗外传》："孔子游于景山之上，子路、子贡、颜渊从，孔子曰：'君子登高必赋，小子愿者何？'"③橅：即"模"。照原件描画，临摹。④危词：指危言，即直言。⑤心香：佛教用语，比喻虔诚的心意，如供佛之焚香。此处指怀有诚意。嗅：感受。

【译文】面对美酒不能引吭高歌，是口盲；登高望远不能作赋，是笔盲；对着古碑不能临摹描写，是手盲；名山大川不能游历，是足盲；遇到杰出人才不能结交，是胸盲；对于庸俗之人不能容忍，是腹盲；直言不能接受，是耳盲；心香不能感到，是鼻盲。

# 042. 静增慧，忙生愦

静一分，慧一分；忙一分，愦①一分。

憩云居士曰：静中参动是大般若②；忙里偷闲是三菩提③。

【注释】①愦：糊涂，昏乱。②般（bō）若（rě）：梵语。犹言智慧，或脱离妄想，归于清静。③菩提：梵语。意译"觉"、"智"、"道"等。佛教用以指豁然彻悟的境界，又指觉悟的境界。《百喻经，驼瓮俱失喻》："凡夫愚人，亦复如是，希心菩提，志求三乘。"三乘：佛教以车乘喻佛法，学者接受的能力不一，分三种情况，称三乘。

【译文】多静修一分，智慧就增加一分；多忙乱一分，大脑就糊涂一分。

# 043. 梦与泪

至人<sup>①</sup>无梦,下愚亦无梦,然而文王梦熊<sup>②</sup>,郑人梦鹿<sup>③</sup>。圣人无泪,强悍亦无泪,然而孔子泣麟<sup>④</sup>,项王泣骓<sup>⑤</sup>。

梅生云:漆园梦蝶<sup>⑥</sup>,不过中材<sup>⑦</sup>。

**【注释】**①至人:思想或道德修养达到最高境界的人。②文王梦熊:事见《六韬·文韬》及晋立《太公吕望表》石刻。传说周文王将狩猎,太史编占卜后说:"田于渭阳将得大将焉,非龙非影,非虎非黑,兆得公侯,天遗汝师,以之佐昌,施及三王。"文王果然在渭水边访求得姜子牙,拜为国师。③郑人梦鹿:事见《列子·周穆王》。春秋时期,有个郑国人打柴时,击毙一头鹿,他怕被人发现,就把鹿藏在土壕里,盖上枯树枝叶,但后来要去取鹿时,却不记得所藏的地方了,于是他以为是一场梦。④孔子泣麟:事见《公羊传·哀公十四年》:"春,西狩获麟。……孔子曰:'熟为来哉!熟为来哉!'反袂拭面,涕沾袍。"后用作世哀道穷的典故。⑤项王泣骓:事见《史记·项羽本纪》:"骏马名骓,常骑之。于是项王乃悲歌慷慨,自为诗曰:'力拔山兮气盖世,时不利兮骓不逝,骓不逝兮可奈何,虞兮虞兮奈若何?'歌数阕,美人和之,项王泣数行下。"⑥漆园梦蝶:《庄子·齐物论》有庄周梦蝶之事。⑦中材:中等才能。亦指中等才能的人。

【译文】都说道德修养达到最高境界的人不做梦,最愚蠢的人也不做梦,然而又有文王梦熊,郑人梦鹿的事。都说人格品德高洁的人不流泪,强悍的人也不流泪,然而又有孔子泣麟,项王泣骓的事。

# 044. 感逝酸鼻

感逝酸鼻,感恩酸心,感情酸手足。

无隐生曰:有友患手足酸麻,医不能立方,惜未以《幽梦续影》示之也。

【译文】思念逝者令人鼻子发酸,感念恩情令人心里发酸,思念情谊令人手足发酸。

# 045. 水仙

水仙以玛瑙为根,翡翠为叶,白玉为花,琥珀为心,而又以西子①为色，以合德②为香，以飞燕③为态，以宓妃④为名。花中无第二品矣。

　　退省先生云：莫清于水，莫灵于仙，此花可谓名称其实。

　　梅花翁云：虽谓陈思⑤一赋，为此花写照，犹恐唐突。


　　**【注释】**①西子：即西施，春秋时越王勾践送给吴王夫差的美女。②合德：即赵合德，相传其肤滑体香，性纯粹，善音辞。③飞燕：即赵飞燕，以体态轻盈闻名。④宓妃：传说中洛水女神的名字。⑤陈思：即曹植，字子建，曹操第三子。以封陈王，谥号思，故称陈思王。曾作《洛神赋》。

　　**【译文】**水仙花以玛瑙作根，以翡翠作叶，以白玉作花，以琥珀作心，且又有如西施一样的美貌，赵合德一样的香味，赵飞燕一样的姿态，宓妃一样的名字。花中再也没有第二个这样的品种了。


# 046. 小园玩景，各有所宜


　　小园玩景，各有所宜。风宜环松杰阁，雨宜俯涧轩窗，月宜临水平台，雪宜半山楼槛，花宜曲廊洞房，烟宜绕竹孤亭，初日宜峰顶飞楼，晚霞宜池边小艼①。雷者天之盛怒，宜危坐佛龛；雾者天之肃气，宜屏居邃闼。

云在曰：是十幅界画<sup>②</sup>画。

二如曰：雷景鲜有能玩之者。

【注释】①彴（zhuó）：独木桥，也指小溪流中可以过人的踏脚石。②界画：国画的一种画法，以宫殿楼台等为主要题材的传统画，因作画时用界尺作线，故称界画。

【译文】在小园中观赏景致，是各处有各处的优点：听风适宜在松树环绕的高阁，看雨适宜在下临溪涧的轩窗，赏月适宜在临水的台榭，赏雪适宜在山腰楼阁的栏杆边，赏花适宜在曲折的长廊和深邃的内室，观烟云适宜在围绕着竹林的孤亭，观赏日初适宜在山顶的高楼，看晚霞适宜在池边的独木小桥。雷声是天公的大怒，适宜端坐在佛龛旁倾听；雾气是天的肃杀之气，适宜将在幽深的小室静修。

# 047. 因语识人

富贵作牢骚语，其人必有隐忧；贫贱作意气语，其人必有异能。

梅亭云：意气最害事，贫贱时有之，即他日骄侈之根。

【译文】如果富贵人说牢骚话，那么这个人一定内心忧愁；如果贫贱人说出很有志气的话，那么这个人一定有特别的才能。

# 048. 顺物理与逆物理

高柳宜蝉，低花宜蝶，曲径宜竹，浅滩宜芦，此天与人之善顺物理①，而不忍颠倒之者也。胜境属僧，奇境属商，别院②属美人，穷途③属名士，此天与人之善逆物理，而必欲颠倒之者也。

忏绮生云：庭树宜月。

蝶缘云：非颠倒则造化不奇。

【注释】①物理：事物的内在规律或道理。②别院：正室之外的宅院。③穷途：境遇艰危。

【译文】高大的柳树适宜蝉鸣，低矮的花丛适宜蝶舞，弯弯曲曲的小径适宜栽竹，浅浅的沙滩适宜栽种芦苇，这是天和人都在顺应规律，而不忍颠倒的情况。风景优美的环境是僧人的，奇异少见的环境是商人的，正宅之外所置的屋舍亭园是美人的，穷困潦倒的境遇是名士的经历，这是天和人相悖于规律，是一定要颠倒过来的。

# 049. 莲花证趣

名山镇俗，止水①涤妄，僧舍避烦，莲花②证趣。

莲衣云：坐莲舫中，遂使四美具③。

少郭云：余每过莲舫，见其舆盖④阗⑤塞，未知能避烦否也。

稚兰云：为下一转语曰：老僧于此避烦。

【注释】①止水：滞止不流的水。《庄子·德充符》："人莫鉴于流水，而鉴于止水。"这里是说，以止水为鉴，可以除去狂妄。②莲花：佛座，又称莲台。因佛座作莲花状，故名。这里以莲花代指佛，意思是佛可以使人领悟佛学的旨趣。③四美：古人以良辰、美景、赏心、乐事为四类。具：同时兼有。这里以镇俗、涤妄、避烦、证趣为四美。④舆盖：车盖。遮阳御雨之具，伞状。⑤阗（tián）塞：充满。

【译文】有名气的山川能够抑制庸俗的心念，静止不流的水能够涤除荒诞不经的想法，僧人修行的房舍能够躲避烦恼，莲花能够使人领悟佛学的旨趣。

# 050. 星象要按星实测

星象①要按星实测，拘不得成图；河道要按河实浚②，拘不得成说；民情要按民实求，拘不得成法；药性要按药实咀③，拘不得成方。

退省子云：隐然赅天地人物。

【注释】①星象：指星体明、暗、薄、蚀等现象，古代天文术数家据以占验人事的吉凶。②浚：疏通。③咀：品味。

【译文】观测星象要按照星体的实际位置去测量，不能够拘泥于已有的图形；治理河道要按照河流的实际情况去疏通，不能拘泥史书上的记载；民情要按照民众的实际状况去调查，不能拘泥前人制定的法规；药性要按照药物的实际作用去分辨，不能拘泥前人书写的药方。

# 051. 笑谱

奇山大水，笑之境也；霜晨月夕，笑之时也；浊酒清琴，笑之资也；闲僧侠客，笑之侣也；抑郁磊落，笑之胸也；长歌中令[①]，笑之宣也；鹡[②]叫猿啼，笑之和也；棕鞋桐帽，笑之人也。

玉涴云：可作一则笑谱读。

【注释】①长歌：篇幅较长的诗歌，如排律等。中令：即小令，词、曲的一种体式。②鹡：鹡鸰，古书上说的一种鸟，羽毛青黑色，尾巴短。

【译文】奇异的山川大河，是欢笑的样子；有霜露的早晨和有月亮的夜晚，是欢笑的时间；香醇的美酒和清悠的琴音，是欢笑的途径；清闲的僧人和打抱不平、见义勇为的侠客，是欢笑的伴侣；愤懑抑郁或磊落不拘，是欢笑的胸襟；长歌或小令，是欢笑的宣泄；鹡鸰和猿的啼叫声，是欢笑的和声；穿着棕毛制的鞋，戴着梧桐叶做的帽子，是欢笑的人。

# 052.医花十剂

医花十剂：壅①以补之，水以润之，露以和之，摘以宣之，火以泄之，日以涩之，雨以滑之，风以燥之，祛蠹②以养之，纱笼纸帐以护之。

梅花翁云：瓶供钗篸，非惜花者也。

小清阁主人云：石以镇之，香以表之。

【注释】①壅：指培土、施肥。②祛蠹：除虫。

【译文】医治花卉的十种方法是：培土施肥以补养它，浇水以滋润它，让露水来调和它，摘下一些不需要的枝叶来疏导它，烧掉枯枝败叶来清泄真火，日晒来使它干涩，淋雨来使它润滑，吹风来使它干爽，驱除害虫来养护它，用纱或纸做笼帐来保护它。

# 053.一字不能尽花之妙

膗字不能尽梅，淡字不能尽梨，韵字不能尽水仙，艳字不能尽海棠。

退省云：幽字不能尽兰，逸字不能尽菊。

兰丹云：曩<sup>①</sup>于武原陈氏园池，见退红莲花数茎，实兼朦、淡、韵、艳、幽、逸六字之胜。

【注释】①曩（nǎng）：以往，从前，过去的。

【译文】"朦"字说不尽梅花的妙处，"淡"字说不尽梨花的妙处，"韵"字说不尽水仙的妙处，"艳"字说不尽海棠花的妙处。

# 054. 果与叶之艳于花者

樱桃以红胜，金柑以黄胜，梅子以翠胜，葡萄以紫胜，此果之艳于花者也；银杏之黄，乌桕<sup>①</sup>之红，古柏之苍，莨竿<sup>②</sup>之绿，此叶之艳于花者也。

享帚生云：果之妙至荔枝而极，枝之妙至杨柳而极，叶之妙至贝多<sup>③</sup>而极，花之妙至兰蕙而极。枝叶并妙者，莫如松柏；花叶并妙者，莫如水仙；花果并妙者，莫如梅花；叶茎果无一不妙者，莫如莲。

【注释】①乌桕（jiù）：落叶乔木，叶子互生，略呈菱形，秋天变红。②莨（gèn）竿：幼竹。③贝多：树名。梵文的音译，也做菩提树。叶可以裁为梵夹,用以写经。

【译文】樱桃因为果实嫣红而被称颂,金柑因为果实橘黄而被称颂,梅子因为果实翠绿而被称颂,葡萄因为果实酱紫而被称颂,这些都是果实比花鲜艳的植物。银杏的叶子金黄,乌桕的叶子艳红,古柏的叶子苍翠,幼竹的叶子嫩绿,这些都是叶子比花鲜艳的植物。

# 055. 丑·俗·悍

脂粉长丑,锦绣长俗,金珠长悍。

香祖云:与富而丑,宁贫而美;与美而俗,宁丑而才;与才而悍,宁俗而淑。

【译文】(对于有些女人来说)涂脂抹粉只会显得更加丑陋,穿锦着绣只会显得更加庸俗,穿金戴珠只会显得更加凶悍。

# 056. 谈绿

雨生绿萌, 风生绿情, 露生绿精。

省缘云: 烟生绿魂, 月生绿神。

竹侬云: 香生绿心。

【译文】(对于草木来说)雨水能够滋生出绿的萌芽, 清风能够滋生出绿的情意, 露水能够滋生出绿的精神。

# 057. 树之用

村树宜诗, 山树宜画, 园树宜词。

云在曰: 密树宜风, 古树宜雪, 远树宜云。

【译文】乡村里的树木适宜作诗, 深山中的树木适宜作画, 园林中的树木适宜作词。

# 058. 假如

抟土①成金无不满之欲，画笔成人无不偿之愿，缩地②成胜无不扩之胸，感香成梦无不证之因。

冶水云：炼香为心无不艳之笔。

【注释】①抟（tuán）土：捏土。②缩地：传说中化远为近的神仙之术。晋葛洪《神仙传·壶公》："费长房有神术，能缩地脉，千里存在，目前宛然，放之复舒如旧也。"后因谓两地相距遥远不能迅速会晤为缩地之术。

【译文】假如能捏土成金就没有不能满足的欲望，假如能画笔成人就没有不能偿还的心愿，假如能缩地成寸就没有不开阔的胸意，假如能焚香感应吉梦就没有不能印证的因缘。

# 059. 论情

鸟宣情声，花写情态，香传情韵，山水开情窟，天地辟情源。

月舟云: 雨濯情苗, 月生情蒂。

萝月主人云: 灯证情禅。

忏绮生云: 诗孕情因, 画契情缘, 琴圆情趣。


**【译文】**鸟儿宣泄感情的声音, 花儿抒写感情的姿态, 芳香传播感情的韵味, 山水开启感情的洞穴, 天地打开感情的源泉。


# 060. 楼舍与梅柳


将营精舍①先种梅, 将起画楼先种柳。

箬溪云: 将架曲廊先种竹, 将辟水窗先种莲。


**【注释】**①精舍: 书斋、学舍。

**【译文】**要建造书斋就先种植梅树, 要建造雕饰华丽的画楼就要先栽种柳树。

# 061. 所嗜不同

词章满壁，所嗜不同；花卉满圃，所指不同；粉黛满座，所视不同。

莲生云：江湖满地，所寄不同。

【译文】诗词文章挂满墙壁，各人的喜好各不相同；奇花名卉开满园圃，游人的关注也各不相同；年轻漂亮的女子满座席，人们的焦点也各不相同。

# 062. 爱憎

爱则知可憎，憎则知可怜。

紫蕙云：怜则知可节取。

【译文】因为喜爱，才知道什么是憎恨；因为憎恨，才知道什么是怜悯。

# 063. 出尘与享福

云何出尘<sup>①</sup>? 闭户是。云何享福? 读书是。

澧荪云: 闭户读书, 尘中无此福也。

**【注释】**①云何出尘: 本句是倒装句, 意思是什么叫做出尘? 出尘, 超凡脱俗之意。

**【译文】**什么叫作脱离尘世? 就是关门谢客 (少与世人来往)。什么叫作享福? 就是读书治学。

# 064. 教节省胜于裕留贻

厚施与即是备急难, 俭婚嫁自然无怨旷<sup>①</sup>, 教节省胜于裕留贻<sup>②</sup>。

印青居士云: 施与也要观人, 婚嫁也要称家③。

**【注释】**①怨: 怨女, 即待嫁的女子。旷: 旷夫, 成年未娶的男子。②贻: 留下, 遗留。③称家: 相称, 即门当户对之意。

**【译文】**经常布施, 就是在为自己危急困难时做准备; 婚嫁节俭, 自然不会有怨女旷夫; 教育后代节约俭省, 胜过给他们留下万贯家财。

# 065. 论"利"字

利字从禾, 利莫甚于禾, 劝勤耕也; 从刀, 害莫甚于刀, 戒贪得也。

春山云: 酒从水, 言易溺也; 从酉, 酉属金①, 亦是兵象。

**【注释】**①酉: 十二时辰之一。金: 五行之一。酉属金: 即以酉时和金相配。

**【译文】**"利"字从"禾"旁, 没有比禾更有利的了, 这是劝人勤耕;"利"字从"刀"旁, 没有比刀更危险的了, 这是劝人莫贪。

# 066. 乍得勿与

乍得勿与,乍失勿取,乍怒勿责,乍喜勿诺。

戒定生云: 乍责勿任, 乍诺勿疑。

【译文】突然获得的东西不要给予他人, 突然失去的东西不要急于索取, 突然发怒不要去责备别人, 突然高兴不要轻率许诺。

# 067. 接人与持己

素深沉, 一事坦率便能贻误; 素和平, 一事愤激便足取祸。故接人不可以猝然改容, 持己不可以偶尔改度。

无碍云: 深沉人要光明, 和平人要严肃。

【译文】本来行事沉稳的人, 一旦行事鲁莽草率就会误入歧途; 本来行事温和的人, 一旦情绪愤怒激动就会招致灾祸。因此待人接物不可以突然改变原本的行事方式，修治自身任何时候都不可以违背常态。

# 068. 有深谋者不轻言

有深谋者不轻言，有奇勇者不轻斗，有远志者不轻干进<sup>①</sup>。

心白云：有侠肠者不轻施报。

【注释】①干进：谋求晋升为官。

【译文】有深谋远虑的人不轻易发表自己的见解，有特殊勇力的人不轻易与人争斗，有远大志向的人不轻易谋求仕进。

# 069. 不如

孤洁以骇俗，不如和平以谐俗；啸傲<sup>①</sup>以玩世，不如恭敬以陶世；高峻以拒物，不如宽厚以容物。

心逸云: 能和平方许孤洁, 能恭敬方许啸傲, 能宽厚方许高峻。

**【注释】**①啸傲: 指逍遥自在, 不受礼俗拘束 (多指隐士生活)。

**【译文】**与其孤傲高洁惊世骇俗, 不如温和平顺地与世俗和谐相处; 与其逍遥自在、不受拘束地游戏人生, 不如用敬肃有礼的态度陶冶教化世间; 与其用高高在上的冷峻态度拒人千里, 不如用宽容厚道的态度包容万物。

# 070. 焚香与垂帘

冬室密, 宜焚香; 夏室敞, 宜垂帘。焚香宜供梅, 垂帘宜供兰。

证泪生云: 焚香供梅, 宜读陶诗; 垂帘供兰, 宜读楚些①。

**【注释】**①楚些 (suò): 《楚辞·招魂》句尾皆有 "些" 字, 为楚人习用的语气词。后因以泛指楚地的乐调或《楚辞》。这里指《楚辞》。

**【译文】**冬日房屋门窗紧闭, 适宜焚香; 夏天房屋门窗敞开, 适宜挂帘。焚香适宜供养梅花, 垂帘适宜供养兰花。

# 071. 蓄养

楼无重檐则蓄婴武<sup>①</sup>，池无杂影则蓄鹭鸶，园有山始蓄鹿，水有藻始蓄鱼。蓄鹤则临沼围栏，蓄燕则沿梁承板，蓄狸奴<sup>②</sup>则墩必装褥，蓄玉猭<sup>③</sup>则户必垂花，微波菡萏<sup>④</sup>多蓄彩鸳。浅渚菰蒲多蓄文蛤，蓄雉<sup>⑥</sup>则镜悬不障，蓄兔则草长不除。得美人始蓄画眉，得侠客始蓄骏马。

梅臞云：有曲廊洞房、药炉茶臼，始蓄丽姝；有名花美酒、象板凤笙<sup>⑦</sup>，始蓄歌伎。

【注释】①婴武：即鹦鹉。②狸奴：猫的别称。③猭：狗。④菡（hàn）萏（dàn）：荷花的别称。⑤菰（gū）：多年生草本植物，生长在池沼里，花单性，紫红色。嫩茎做蔬菜吃，俗称茭白。蒲：菖蒲，生长于水边，有香气，根入药。文蛤：通称蛤蜊。软体动物，生活在沿海泥沙中，以硅藻为食物。⑥雉：野鸡，羽毛美丽。⑦象板：用象牙制成的板，在乐器演奏时用以打节拍。凤笙：乐器。

【译文】没有重檐的楼阁适宜养鹦鹉，清浚无影的池塘适宜养鹭鸶，有山的园林才能养鹿，有藻的池塘才能养鱼。养鹤则必须靠近池沼围上栏杆，养燕子就一定要沿着屋梁架上木板，养猫就一定要在木墩上包上褥子，养狗就一定要在门户上种上垂花。在水波荡漾、荷花摇曳的池塘中应该多养鸳鸯,在长满菰蒲的浅滩应该多养蛤蜊。养野鸡最好悬挂一面镜子,养兔子尽量不要除草。得到美人才适合养画眉,与豪爽讲义气的侠客相交才适合养骏马。

# 072. 任气语少一句

任气语少一句,任足路让一步,任笔文①检一番。

问渔云:少一句气恬,让一步路宽,检一番文完。

【注释】①任笔文:没有反复思考的文章。

【译文】任性赌气的话少说一句,任意行走的道路让出一步,任意挥洒的文章斟酌一回。

# 073. 报德与劝人

以任怨为报德则真切,以罪己为劝人则沉痛。

华山词客云: 任怨忌有德色①, 罪己不作劝词。

【注释】①德色: 自以为有恩于人而形于颜色。

【译文】用任劳任怨来报答恩德就显得真诚恳切, 用责怪自己去劝慰别人就显得深切悲痛。

# 074. 偏是市侩喜通文

偏是市侩喜通文, 偏是俗吏喜勒碑①, 偏是恶妪喜诵佛, 偏是书生喜谈兵。

信甫云: 偏是枯僧喜见女色。

子镜云: 偏是贫士喜挥霍。

【注释】①勒碑: 刻文于石碑。

【译文】(生活中)越是市侩小人越喜欢卖弄文才, 越是庸俗小吏越喜好题词刻碑, 越是凶恶老妪越喜好念经诵佛, 越是书生腐儒越喜好纸上谈兵。

# 075. 真好色与真爱色

真好色者必不淫，真爱色者必不滥。

仲鱼云：拈花以微笑而止，饮酒以微醺而止。

【译文】真正喜好美色的人一定不沉溺，真正爱惜美色的人一定
不随意。

# 076. 恐其轻为我死

侠士勿轻结，美人勿轻盟，恐其轻为我死也。

心白云：猛将勿轻谒，豪贵勿轻依，恐其轻任我以死也。

【译文】不要轻率地与豪爽侠义之人结交，不要轻率地与美人盟
誓，一旦订立盟约，恐怕他们会轻率地为我而死。

# 077. 勿受敬礼之恩

宁受嘑蹴之惠[1]，勿受敬礼之恩。

问渔云：嘑蹴不报而亦安，敬礼虽报而犹歉。

【注释】[1]嘑（hū）蹴（cù）之惠：不礼貌地给予的帮助。嘑，同"呼"，喊叫；蹴，踢，踏。《孟子·告子上》："嘑尔而与之，行道之人弗受；蹴尔而与之，乞人不屑也。"

【译文】宁可接受无礼的侮辱性的施舍，也不要接受尊敬有礼的恩惠。

# 078. 贫贱与患难

贫贱时少一攀援，他日少一掣肘；患难时少一请乞，他日少一疚心。

仙洲云：富贵时少一威福，他日少一后悔。

【译文】在贫穷低贱的时候少向一个人攀情求援，日后就少一个牵制自己的人；在遭遇不幸的时候少向一个人请求帮助，日后心中就会少一分愧疚不安。

# 079. 舞弊之人能防弊

舞弊之人能防弊，谋利之人能兴利。

沈箬溪云：利无小弊，虽兴不广；弊有小利，虽除不尽。

【译文】会舞弊的人能防止舞弊，能谋利的人能创造利益。

# 080. 善诈者与善欺者

善诈者借我疑，善欺者借我察。

安航云：故疑召诈，察召欺。

**【译文】**善于行诈的人借助我的多疑而使诈,善于欺骗的人借助我的察而行骗。

# 081. 自反

过施弗谢,自反必太倨<sup>①</sup>;过求勿怒,自反必太卑。

梁叔云:自反非倨,彼其人必系畸士<sup>②</sup>;自反非卑,彼其人必为重臣。

**【注释】**①自反:反躬自问,自己反省。倨:傲慢。②畸士:奇特之人。

**【译文】**过分地施舍却得不到感谢,自我反省一定是态度太倨傲了;过分地请求却不发怒,自我反省一定是态度太卑微了。

# 082. 英雄与奸雄

英雄割爱,奸雄割恩。

兰舟云：爱根不断，终为儿女累。

【译文】英雄能够舍弃所爱，奸雄能够舍弃恩义。

# 083. 天地自然之利害

天地自然之利，私之则争；天地自然之害，治之无益。

箬溪钓师云：因所欲而与之，其利溥①矣；若其性而导之，其功伟矣。

【注释】①溥：广大。

【译文】属于天地自然的好处，私人占有就会引起纷争；属于天地自然的灾害，治理改造也是徒劳无功。

# 084. 各朝代诗的特点

汉魏诗像春，唐诗像夏，宋元诗像秋，有明诗像冬，包含四时，生化万物，其国初诸老①之诗乎？

蕙侬云：六朝诗像残春，晚唐诗像残暑。

【注释】①国初诸老：指清朝初期的诗人黄宗羲、顾炎武、王夫之、钱谦益、吴伟业等。

【译文】汉魏诗像春天般朝气蓬勃，唐代诗像夏天般异彩纷呈，宋元诗像秋天般婉约萧瑟，明代诗像冬天般寒蝉凄切，包含四季，生化万物，说的是我朝初期的各位名士吗？

# 085. 论诸子

鬼谷子①方可游说，庄子②方可诙谐，屈子③方可牢愁，董子④方可议论。

玉洤云：留侯方可持筹⑤，淮阴方可推毂⑥。

无碍云：老子是兵家之祖，鬼谷是法家之祖，庄子是词章家之祖。

【注释】①鬼谷子：即王诩，一作王禅，战国时楚国人，籍贯不详，因隐居于云梦山鬼谷，称为鬼谷子或鬼谷先生。谋略家、纵横家之祖，传说为苏秦、张仪、孙膑、庞涓之师，著有《鬼谷子》。②庄子：即庄周，其《庄子》多寓言。③屈子：即屈原，战国时楚国人，所作《离骚》极尽愤懑幽怨之言。④董子：即董仲舒，西汉哲学家。生平讲学著书，推尊儒术，罢黜百家。著有《春秋繁露》等。⑤留侯：即张良，字子房，汉初大臣，刘邦的重要谋士，封留侯。持筹：筹划。⑥淮阴：即韩信，秦末淮阴（今江苏淮阴西南）人，汉初军事家。与萧何、张良称为汉兴三杰。推毂：推动车毂前进，比喻助人事成，或推荐人才。

【译文】只有鬼谷子的谋略才可游说天下，只有庄子的旷达才可诙谐幽默，只有屈原的激愤才可忧郁不平，只有董仲舒的学识才可提出主张。

# 086. 唐人之诗多类名花

唐人之诗多类名花：少陵①似春兰，幽芳独秀；摩诘②似秋菊，冷艳独高；青莲③似绿萼梅，仙风骀荡；玉谿④似红萼梅，绮思娜娟⑤；韦、柳似海红⑥，古媚在骨；沈宋⑦似紫薇，矜贵有情；昌黎⑧似丹桂，天葩洒落；香山⑨似芙蕖，慧相清奇；冬郎⑩似铁梗垂丝；阆仙似檀心磬口⑪；长吉似优钵昙⑫，彩云拥护；飞卿⑬似曼陀罗，琼月⑭玲珑。

啸琴云：微之⑮似水外绯桃，牧之⑯似雨中红杏。

【注释】①少陵：即杜甫。②摩诘：即王维。③青莲：李白，自称青莲居士。④玉谿(xī)：即李商隐。⑤婵娟：轻盈美好的样子。⑥韦柳：即韦应物和柳宗元。韦应物，唐京兆杜陵(即陕西西安)人，性行高洁，诗如其人。柳宗元，字子厚，唐宋八大家之一，古文运动倡导者。诗文皆工，尤擅长散文，峭拔简练，独具风格。著有《柳河东集》。海红：山茶花。⑦沈宋：即沈佺期和宋之问。沈佺期，字云卿，唐相州内黄(今安阳内黄县)人，工诗。宋之问，字延清，一名少连，唐虢州弘农人。沈佺期与宋之问齐名，时称沈宋。⑧昌黎：即韩愈。⑨香山：即白居易，号香山居士。⑩冬郎：即韩偓，字致光，号致尧，小字冬郎，自号玉山樵人，京兆万年(今陕西西安)人，以香奁体诗著称的唐诗人，"南安四贤"之一。⑪阆仙：即贾岛，字阆仙，一作浪仙，唐范阳(今河北省涿州)人，初为僧后返俗，有"僧敲月下门"之典故。著有《长江集》。檀心：浅红色的花蕊。磬口：磬口梅，蜡梅品种之一。清钱谦益《陆仲子移赠蜡梅二株次前韵为谢》之一："绿衣约略是前身，幻出宫妆不染尘。磬口半含仍索笑，檀心通体自生春。"⑫长吉：即李贺，字长吉，唐河南昌谷人，宗室郑王李亮之后，有"骑驴得佳句投锦囊"之典故，诗险峻，想象丰富。优钵昙：应为优昙钵，无花果树的一种。梵语，意译为祥瑞灵异的花。⑬飞卿：即温庭筠，本名岐，字飞卿，太原祁县(今山西祁县)人，唐代诗人。⑭琼月：洁白如玉的月亮。⑮微之：即元稹，字微之，唐河南洛阳(今河南洛阳)人。与白居易共同提倡新乐府，两人齐名，世称元白，诗称元和体。著有《元氏长庆集》100卷，传奇《会真记》。⑯牧之：即杜牧，字牧之，京兆万年人，诗长于近体，文章奇警纵横，人称小杜，与李商隐并称"小李杜"，有《樊川文集》。

【译文】唐代诗人的诗大多都类似名花：杜甫的诗像春兰，幽雅芬芳，一枝独秀；王维的诗像秋菊，冷峻艳丽，独自高雅；李白的诗像绿萼梅花，仙风道骨，舒缓荡漾；李商隐的诗像红萼梅花，绮丽馥郁，悠扬婉转；韦应物和柳宗元的诗像山茶花，高古娇媚，错落有致；沈佺期和宋之问的诗像紫薇，矜持高贵，富有感情；韩愈的诗像丹桂，天葩飘落，风姿秀逸；白居易的诗像荷花，慧相天生，清新奇妙；韩偓的诗像铁梗海棠，娇艳动人，姿态潇洒；贾岛的诗像浅红色花蕊的蜡梅，暗香疏影，朴实无华；李贺的诗像优钵昙，曲尽其妙，超脱旷达；温庭筠的诗像是曼陀罗，皎洁剔透，玲珑多姿。

# 《幽梦续影》跋

　　余重刊《幽梦影》，既藏①，吴门潘椒坡明府②，远自临湘任所寄示以《幽梦续影》，谓为镇洋朱撷筠大令所著，其弟伯寅尚书③所刊，曷不并入，以成合璧。余受而读之，觉词句隽永，与前书颉颃④，一新耳目。爰体明府之意趣，付手民⑤。愿与阅是书者，共探其奥而索其旨焉。

　　　　　　　　　　光绪七年季春月仁和葛元煦⑥理斋识

　　**【注释】**①藏（chǎn）：完成，解决。②吴门潘椒坡明府：潘介繁，号椒坡，清末藏书家。③伯寅尚书：即潘祖荫，朱锡绶的弟子。④颉（xié）颃（háng）：泛指不相上下，相抗衡。⑤手民：雕板排字工人。⑥葛元煦：号号理斋，学古斋为室名，晚清仁和（今浙江杭州）人，文人，刻书家。少工篆、隶，不轻以酬应，家中藏书画甚巨，辑刻丛书《啸园丛书》，著有《沪游杂记》。

　　**【译文】**我重新刊印《幽梦影》，已经完成时，收到吴县潘椒坡明府从临湘寄给我的《幽梦续影》，说是镇洋朱锡绶大令所著，由其弟子潘祖荫尚书所刊，何不与《幽梦影》合在一起刊印，把两者合并为一书。我拿到书阅读之后，觉得词句隽永，与《幽梦影》不相上下，令人耳目一新。于是休会明府之意，交由雕版排字工人刊刻。希望可以和阅读此书的读者，一起探讨书中奥义，寻求书中主旨。

光绪七年季春月仁和葛元煦理斋识

# 谦德国学文库丛书

## （已出书目）